T/CAGHP 028—2018

目　次

前言 .... Ⅲ
1 范围 1
2 规范性引用文件 1
3 术语和定义 2
4 基本规定 4
5 施工准备 4
　5.1 技术准备 4
　5.2 现场准备 5
　5.3 测量放线 6
6 削方整形与填坡 7
　6.1 一般规定 7
　6.2 削方整形 7
　6.3 填坡 8
　6.4 质量检验 9
7 格构锚固坡面防护 9
　7.1 一般规定 9
　7.2 锚杆 10
　7.3 锚索 11
　7.4 钢筋混凝土格构 12
　7.5 质量检验 14
8 砌体坡面防护 14
　8.1 一般规定 14
　8.2 砌石 15
　8.3 预制砌块 16
　8.4 质量检验 17
9 喷锚坡面防护 17
　9.1 一般规定 17
　9.2 锚杆及挂网 18
　9.3 喷射混凝土 19
　9.4 质量检验 20
10 柔性防护网坡面防护 20
　10.1 一般规定 20
　10.2 主动防护网 21
　10.3 被动防护网 21
　10.4 质量检验 22

Ⅰ

11 植被生态坡面防护	23
11.1 一般规定	23
11.2 喷播坡面防护	24
11.3 种植坡面防护	24
11.4 其他生态坡面防护	25
11.5 质量检验	26
12 其他坡面防护	27
12.1 挡土墙	27
12.2 边坡排水	28
12.3 加筋土	30
12.4 格宾	31
12.5 轻量土	32
13 施工监测	32
14 环境保护和安全措施	33
14.1 环境保护措施	33
14.2 安全措施	34
15 质量检测与工程验收	35
15.1 质量检测	35
15.2 工程验收	36
16 坡面防护工程维护	37
附录 A（规范性附录） 坡面防护工程施工工艺流程	39
附录 B（资料性附录） 主要坡面防护形式大样图	42
附录 C（规范性附录） 施工记录表	45
附录 D（资料性附录） 植被坡面防护质量检验评定表	48
附录 E（规范性附录） 坡面防护工程质量验收记录表	51
附：条文说明	55

前 言

本标准按照GB/T 1.1—2009《标准化工作导则 第1部分：标准的结构和编写》给出的规则起草。

本标准附录A、C、E为规范性附录，附录B、D为资料性附录。

本标准由中国地质灾害防治工程行业协会提出并归口。

本标准起草单位：湖北省城市地质工程院、中煤科工集团西安研究院有限公司、深圳市工勘岩土集团有限公司、广东省地质工程公司、武汉市勘察设计有限公司、广东肇庆广地爆破工程公司。

本标准起草人：陈少平、周安保、吴礼生、帅红岩、王建筱、刘天林、何坤、祁宁、王贤能、石洋海、金炯球、陈尚丰、官善友、徐光耀、黎学平、陈仲超、余先发。

本标准由中国地质灾害防治工程行业协会负责解释。

坡面防护工程施工技术规程(试行)

1 范围

本规程规定了坡面防护工程施工的术语和定义、基本规定、施工准备、削方整形与填坡、格构锚固坡面防护、砌体坡面防护、喷锚坡面防护、柔性防护网坡面防护、植被生态坡面防护、其他坡面防护、施工监测、质量检测与验收、环境保护和安全措施、坡面防护工程维护等。

本规程适用于坡面防护工程施工,包括城乡建设、道路交通、水利水电、矿山等建设工程活动中的自然斜坡及人工边坡的坡面防护工程施工。湿陷性黄土、冻土、膨胀土和其他特殊性岩土,以及侵蚀环境的坡面防护工程施工,尚应符合国家现行相应规范的规定。

2 规范性引用文件

下列文件对于本文件的应用是必不可少的。凡是注日期的引用文件,仅所注日期的版本适用于本文件。凡是不注日期的引用文件,其最新版本(包括所有的修改单)适用于本文件。

GB 6722　爆破安全规程
GB 50086　岩土锚杆与喷射混凝土支护工程技术规范
GB 50204　混凝土结构工程施工质量验收规范
GB 50300　建筑工程施工质量验收统一标准
GB 50330　建筑边坡工程技术规范
GB 50434　开发建设项目水土流失防治标准
GB 50924　砌体结构工程施工规范
GB/T 343　一般用途低碳钢丝
GB/T 700　碳素结构钢
GB/T 5224　预应力混凝土用钢绞线
GB/T 8918　重要用途钢丝绳
GB/T 14370　预应力筋用锚具、夹具和连接器
GB/T 15393　钢丝镀锌层
GB/T 50279　岩土工程基本术语标准
GB/T 50344　建筑结构检测技术标准
JGJ 18　钢筋焊接及验收规程
JGJ 46　施工现场临时用电安全技术规范
JGJ 107　钢筋机械连接技术规程
JGJ 130　建筑施工扣件钢管脚手架安全技术规范
JTJ 035　公路加筋土工程施工技术规范
JTG D30　公路路基设计规范
TB/T 3089　铁路沿线斜坡柔性安全防护网

T/CAGHP 028—2018

SDJ 17　水利水电工程天然建筑材料勘察规程
CECS 22　岩土锚杆(索)技术规程

3　术语和定义

下列术语和定义适用于本文件。

3.1
坡面防护 slope protection

为保持自然斜坡和人工边坡稳定，防止坡面冲蚀、风化、剥蚀、掉块等作用，所采取的防护工程措施。

3.2
施工地质 construction geological

地质灾害治理工程施工过程中，对揭露的岩土体和地质现象由专业技术人员进行实时的鉴定和记录描述。

3.3
坡面削方 slope cutting

清除边坡不稳定岩土体的工程措施。

3.4
坡面整形 slope reshaping

清除坡面表层松散、不稳定的岩土体，保持坡面平顺的工程措施。

3.5
填坡 slope fill

对坡面局部的凹坑、凹槽回填，或为降低坡比上挖下填等工程措施。

3.6
格构锚固 frame anchor

在坡面采用现浇钢筋混凝土或预制钢筋混凝土构建框格结构，并用锚杆(索)锚固的工程措施。

3.7
肋柱 ribbed column

由混凝土肋柱、锚杆及肋柱之间的混凝土面板组成的边坡支护结构。

3.8
锚杆 anchorage

将拉力传至稳定的岩层或土体的锚固体系，通常包括钢筋杆体、注浆体、锚具、套管和可能使用的连接器。

3.9
锚索 anchor cable

当锚固体体系的锚拉杆体采用钢绞线或高强钢丝束作杆体材料时，称为锚索。

3.10
砌石 masonry

在坡面上采用块石铺砌以保护坡面的工程措施。

3.11
预制砌块 precast block

在坡面上采用预制砌块铺砌以保护坡面的工程措施。

3.12
喷锚 shotcrete-bolt

由锚杆、网筋、锚杆拉筋及喷射混凝土面层组成的坡面防护结构。

3.13
主动防护网 active net

采用锚杆和支撑绳固定方式将金属柔性网覆盖在潜在不稳定的坡面上,对坡面加固或限制落石运动范围的防护网。

3.14
被动防护网 passive net

采用锚杆、钢柱、支撑绳和拉锚绳等固定方式将金属柔性网以一定角度安装在斜坡上,形成栅栏形式的拦石网,拦截滚石或飞石。

3.15
喷播 spray-seeding

将草籽、肥料、黏性土、水泥、外加剂等按一定比例在混合箱内均匀搅拌,通过专用的设备喷射到边坡坡面进行植草绿化。

3.16
种植 cultivation

将乔木、亚乔木和灌木等植物物种栽种在改良的边坡坡面上,种植成活进行绿化。

3.17
挡土墙 retaining wall

用来支承天然斜坡或人工边坡岩土体、防止坡体变形失稳的构筑物。

3.18
地表排水 slope surface drainage

在坡面上设置横向截水沟和纵向排水沟,及时排泄坡面水流,防止地表水下渗和冲刷坡面。

3.19
地下排水 slope subsurface drainage

在坡体内设置排水孔、盲沟及渗水层,用来排泄坡体地下水的工程措施。

3.20
加筋土 reinforced soil

由土工格栅、土工织物、土工条带,以及面板等构成的蜂窝状或网格状三维结构材料,形成的加筋土结构。

3.21
格宾 gabion

通过机械编织,将热镀锌低碳钢丝组装成蜂巢形网片箱笼,并在箱笼内装入块石等填充料,用于护坡护岸。

3.22
轻量土 light-weight soil

将轻量材料按照比例配制形成重度很轻的、具有一定强度且性能稳定的土工材料。

3.23
施工监测 engineering monitoring

施工期间,对地表和地下一定深度范围内的岩土体与其上建筑物、构筑物的位移、沉降、隆起、倾斜、挠度、裂缝等变化情况,所采取的周期性的或实时的测量工作。

4 基本规定

4.1 坡面防护工程施工应确保施工质量,做到技术先进、安全可靠、经济合理。应因地制宜,就近取材,保护环境和土地资源。

4.2 坡面防护工程施工应具备详细的勘查和设计资料。地质条件与施工技术复杂的坡面防护工程施工方案,应进行专家评审论证。

4.3 施工前勘查、设计、施工、监理等相关单位应进行设计技术交底和图纸会审,施工单位应熟悉工程图纸,明确设计意图、施工技术要求及施工注意事项。

4.4 施工单位应编制施工组织设计,坡面防护施工应采用和推广新技术、新工艺、新材料和新设备。

4.5 施工过程中应采取保持坡体稳定的措施,包括施工技术措施和防范施工影响坡体稳定性的措施,不得因施工降低坡体的稳定性。当坡面防护施工因故停工时,应在坡面做好临时防护。

4.6 坡体开挖与支护遵循逐级开挖、逐级支护的原则,坡面上下不应同时施工,应自上而下分区段依次进行施工。

4.7 施工过程中应同步开展施工地质编录,及时记录及追踪施工过程中的地质条件变化。对治理工程有重要影响的地质现象应进行专项描述、记录及拍照。按照信息法施工要求,将施工地质情况及时反馈设计单位,并根据施工地质变化情况和监测数据由设计单位做出设计变更。

4.8 施工过程中坡体条件、开挖的岩土性质与勘查设计不符时,及时报告监理、设计单位,必要时进行设计变更。

4.9 坡面防护起止端、顶底部应作好护边处理,坡面防护起止端、底部应设封边梁,顶部设压顶梁。

4.10 雨期施工坡面防护工程时应及时排导坡面雨水,防止坡面雨水冲刷渗入坡体。坡顶坡面、坡脚和马道应设排水系统,坡面防护工程外围应设截水沟。

4.11 冬季施工坡面防护工程时,应按冬季施工要求,采取切实可行的保温防冻措施及道路、工作面的防滑措施等,确保正常施工。

4.12 应掌握质量控制的重点及难点,制定详细的施工质量保证措施,及时详实记录分部分项工程质量检验及评定情况,确保施工质量符合设计和验收要求。

4.13 施工过程中应进行施工安全监测,监测边坡位移及变形,以确保边坡施工过程中的稳定。监测点的布设应考虑长期监测的需求。

4.14 识别危险源,掌握安全控制的要点,制定详细的安全保证措施,确保施工人员、周边居民和设施的安全。

4.15 施工期间应有防灾应急与抢险应急预案,做好防灾预演与抢险应急演练,以确保突发灾情时减少人员伤亡和财产损失。

5 施工准备

5.1 技术准备

5.1.1 施工单位应取得勘查报告及坡面防护工程设计资料,收集监测资料、当地水文气象及地表径流资料等。

5.1.2 施工单位应组织项目技术管理人员进行现场踏勘,熟悉现场施工条件,复核坡面防护区的地形、岩土体特征、裂隙分布情况、岩体边坡结构类型,明确坡面防护工程的治理范围。

5.1.3 应组织专业技术及管理人员熟悉和领会施工图纸,参加图纸会审,对设计图的疑点及建议应及时向设计方提出并获得答复,明确设计意图,形成图纸会审记录。

5.1.4 施工单位应在熟悉勘查和设计文件、了解施工现场条件的基础上,选择合理的施工工艺,编制施工组织设计,重要的分部分项工程单独编制施工组织设计。施工组织设计主要内容包括:
——工程概况。
——施工准备。
——施工总平面布置。
——主要施工工艺方法。
——施工监测。
——施工组织及资源配置。
——施工设备及材料。
——施工进度计划。
——施工质量保证措施。
——施工安全保证措施及应急预案。
——环境保护及文明施工措施。
——冬雨季施工措施。
——施工检验及施工资料。
——施工场地平面布置图、施工剖面图、施工大样图等。

5.1.5 建设单位和监理单位应组织设计单位向施工单位进行设计交底,交代施工技术要求及质量控制难点,形成设计技术交底记录。

5.1.6 施工单位应向参与施工的人员进行施工技术交底,交代工程特点、技术质量要求、施工顺序、施工工艺方法与施工安全,形成施工技术交底记录。

5.1.7 选择代表性坡面防护段及典型岩土体进行锚杆试验,锚杆试验包括成孔试验、注浆试验、抗拔试验。

5.1.8 按设计的混凝土及砂浆强度等级,现场取样做配合比试验,确定材料配比。

5.1.9 采用新的施工工艺或在特殊性岩土中进行坡面防护施工时,应进行施工工艺试验,确定施工方法及质量控制要点。

5.1.10 施工组织设计应经施工单位技术负责人审核签字报总监理工程师审批后实施。

5.1.11 对于爆破、高大模板、高陡边坡脚手架等专项施工技术方案,应经专家组织论证,施工单位技术负责人签字报总监理工程师审批。

5.1.12 施工单位应完善开工前的报验手续,准备施工技术资料,在取得总监理工程师批准后方可开工。

5.2 现场准备

5.2.1 施工前应按现场平面布置图的要求规划施工现场布置和临时设施建设,进行临时征地。

5.2.2 合理规划施工用生产区及生活区,生产区和生活区宜分开,并应符合相关安全文明工地的要求。

5.2.3 修建施工道路,路面宜硬化处理,施工道路须满足施工车辆行驶要求,路堑或路堤边坡应进行必要支挡。

5.2.4 施工用电用水准备,采用工业用电时应有备用的电源,施工水质水量应满足施工及相关规范的要求。

5.2.5 施工用电应进行设备总需容量计算,变压器容量应满足施工用电负荷要求,施工用电的布置须执行 JGJ 46 规定。

5.2.6 按照所制定的计划组织劳动力进场,并对施工人员进行技术、质量、安全、环境保护等方面的培训。

5.2.7 锚杆(索)钻机、混凝土搅拌机、砂浆搅拌机、喷射混凝土机、砂浆泵等施工设备,进场时应进行检验,设备性能应满足施工要求,应做好施工设备安装、调试等准备工作。

5.2.8 施工材料堆放及加工场地宜靠近治理工程区,并避免堆载影响坡体稳定。应做好堆场和加工场地排水措施。

5.2.9 材料堆场及加工场地的尺寸及平整度应满足要求,场地宜硬化处理。

5.2.10 钢筋水泥等应架空置放并有防水防雨措施,砂石堆场应采用混凝土硬化,并分类隔挡。

5.2.11 施工材料质量应满足设计及规定要求,进场材料必须有出厂合格证,必须见证取样,检验合格后方能使用。

5.2.12 施工前应将水泥、钢筋、砂、粗骨料、商品混凝土、块石等原材料取样送检,取得材质检验报告。

5.2.13 成品及半成品如预制混凝土块、预制格构梁、主被动防护网、格宾网、土工格栅、土工布、三维网等应有出厂合格证,并经检验合格。

5.2.14 锚杆材料进场时应按规定逐批进行检验,进行锚杆锚索材料性能试验、钢筋连接试验。锚杆在加工场地成型,应确保质量。

5.2.15 砌体坡面防护施工前应做好进场砂、石料的见证取样检验,以及砌筑砂浆的配比试验。

5.2.16 施工前应选择合适的弃土场地,弃土边坡应保持稳定,弃土坡脚宜设置挡土墙,必要时进行压实整平,设置截排水沟及边坡绿化。

5.2.17 高陡坡体的坡面防护工程施工应搭设脚手架,设置作业平台,应编制脚手架搭设专项施工方案,宜采用钢管脚手架顺坡搭设,作业平台宜采用竹木或钢跳板。脚手架基础应建立在地形平缓、承载力适宜和利于坡面防护工程施工的地段。

5.2.18 高陡坡体施工脚手架应考虑设备荷载及施工荷载,脚手架承载能力及稳定性应满足施工要求。应进行荷载验算,根据验算结果设置合理的杆件间距或设置加强件,并应符合 JGJ 130 的要求。

5.2.19 脚手架基础立于夯实硬化的整平地基上,用 200 mm 方木垫块垫底。同一立面的小横杆应对等交错设置,立杆前后对直。斜杆接长不宜采用对接扣件,应采用叠交方式,搭接长度不小于 50 cm,用 3 只旋转扣件扣紧。

5.3 测量放线

5.3.1 建设或监理单位应向施工单位移交测量基准点,测量基准点一般不少于 3 个。应对基准点测量复核,经复核基准点满足要求后,方可作为施工放线的基准点。

5.3.2 测量人员应熟悉设计图,并根据现场情况编制测量放线图,制定测量放线方案,包括测量方法、计算方法、操作要点、测量仪器、专业人员要求及测量组织等,测量方案报监理工程师审核后再进行实地放线。

5.3.3 测量放线仪器应定期检查,测量仪器的精度应满足要求。

5.3.4 施工单位应按工程测量要求布设测量控制网点和监测系统,测量控制网点应建立在坡面防护工程之外,且能够控制整个施工场地,并设固定标识妥善保护,施工中定期复测。

5.3.5 按设计图纸测放工程的起点、终点和转折点,将各放线点用标桩固定于地面后,再进行中心线和转角测量。

5.3.6 施工前应对坡面位置、原坡面地形、原地面线等进行复核复测。

5.3.7 测量放线确定坡面防护工程范围、坡面防护工程位置。测放的坡体开口线、坡底线等应定期进行复核。

5.3.8 测量放线及校核工作,测量成果记录等,应形成成套的工程资料,及时归档备案。

5.3.9 坡面防护工程完工后,应测量并编制工程竣工资料,确定完成工程的位置、大样尺寸、工程量等相关要素。

6 削方整形与填坡

6.1 一般规定

6.1.1 坡面防护工程施工前应对坡面进行削方整形,清除坡面不稳定的岩土体并整平坡面。

6.1.2 削方整形之前应拆除坡面既有建筑物及构筑物,撤离相关人员,坡体埋设的管线应移除。

6.1.3 根据设计图或业主提供的控制坐标及水准点,开工前由测量人员对削方坡顶边缘线及削方区侧边界线进行校核并开展控制测量。削方顶边缘线及侧边界线每隔 30 m～50 m 设 1 个坐标控制点及水准点,并进行测量闭合,闭合差应符合测量规范要求。

6.1.4 控制测量经监理工程师审批后进行测量放线,并保护测量控制桩不受扰动和破坏,每次测量均需对各控制点进行闭合校核,测量资料应检查复核,经现场监理工程师审批后方可进行削方施工。

6.1.5 削方整形应逐级开挖,逐级支护,自上而下分层分区开挖,严禁先掏挖坡脚,同一坡面上下不得同时开挖。

6.1.6 开挖坡面与填坡区应设置地表排水系统,并与原排水系统或自然冲沟相衔接,临时排水设施和永久排水设施相结合。

6.1.7 采用爆破方法对岩质边坡削方时,应对周边环境进行专项调查,评估爆破振动对坡体稳定性的影响和爆破飞石对周边环境的危害,必要时应设置滚石拦挡结构,并对周边重要建(构)筑物进行爆破振动监测。

6.1.8 削方整形后的坡面应平整,无松动岩块,坡比及平整度应符合设计要求及有关规范要求。坡面马道的宽度、标高应符合设计及有关规范要求。

6.1.9 雨天不宜进行削坡与填坡施工,开挖面应及时进行防护,不宜长期暴露。雨期施工应采用彩条布、塑料薄膜、喷射水泥砂浆或沙(土)袋等对开挖面进行临时防护。

6.1.10 削方后的弃渣不应随意堆放,应及时运至指定地点堆放稳定,边坡潜在滑塌区严禁堆载。应优先考虑弃渣再利用,如作为石料或坡面回填压脚、路基填筑及造地土源等。

6.1.11 开挖的坡面需进行防护时,应及时跟进坡面防护工程施工。

6.1.12 填坡应分层碾压或夯实,其压实度或密实度应满足设计要求。

6.2 削方整形

6.2.1 按设计确定的平面坐标和高程,测量定位削方区的范围,确定开口线的位置及标高,对地形起伏较大和特殊坡形部位应加密布点定位,并做好标记。

6.2.2 坡面削方应分区分段开挖,应避免施工对设计坡面之下的岩土层扰动和破坏,应保持开挖区周边岩土体和待开挖岩土体的稳定。

6.2.3 对原始坡面进行整形,按设计要求分段设马道及平台,马道上应设排水沟。

6.2.4 削方施工应采用机械开挖和人工开挖相结合,机械开挖预留厚度不宜小于20 cm,人工开挖至设计坡面。

6.2.5 削坡整形施工应按设计的坡比开挖,不应欠挖及超挖。

6.2.6 软岩和强风化岩石削坡,可采用机械开挖或人工开挖,小规模危石可用人工清除。

6.2.7 岩质边坡削方规模、厚度及削方工程量较大时,采取人工清理与爆破相结合的方法进行削坡。爆破削方应符合GB 6722的有关规定。

6.2.8 岩层削方需要进行爆破的,应制定专项的爆破施工方案,选择合理的爆破方式和用药量,爆破作业不应影响和破坏设计坡面以下的岩体。

6.2.9 爆破削方应按设计的坡比进行爆破,在设计坡面位置宜采用光面爆破。沿开挖面走向坡面宜平顺,不得有棱角或较小转弯半径。

6.2.10 岩层削方暴露的裂缝可采用水泥浆灌注、黏土封填或混凝土盖板封闭等方法处理。

6.2.11 削方过程中应及时检查开挖坡面,自上而下每开挖4 m~5 m检查一次,对于异形坡面应加密检查。根据检查结果及时调整改进施工工艺。

6.2.12 削方过程中应及时对临时垮塌采取支挡措施,保护相邻非削方区坡体的稳定。顺向坡开挖应及时做好支护加固。

6.2.13 清除原地面上的树木、杂草及坡面松散的岩土体,保证坡面岩土体的稳定。

6.2.14 削方现场应有专职安全人员做好安全防护,削方过程中应设置警界线,非施工人员不得入内。

6.2.15 削方滚石范围内存在建(构)筑物或危及人员安全时,应设置拦挡工程,如拦石堤、落石槽、消能平台、被动防护网等。

6.3 填坡

6.3.1 填坡施工之前,应清除原地面上的树木及杂草,当基底为松土时应对基面进行分层碾压夯实,或对基层换填处理。

6.3.2 坡面不宜采用浅层松土填坡,局部的凹坑凹槽宜采用砌石或混凝土填坡。

6.3.3 填坡应按先低处后高处顺序进行,填坡土应分层碾压或分层夯实,碾压或夯实的次数及夯实功能应符合设计要求。

6.3.4 分层压实厚度宜为30 cm,分层夯实的厚度宜根据夯实功能确定,压实度或密实度应达到设计要求。

6.3.5 填坡土填料宜采用碎石土,碎石含量30%~80%,块径不宜超过30 cm,碎石土最优含水量需做现场击实试验,含水量与最优含水量偏差控制在3%之内。细粒土作填料时,土的含水量应接近最佳含水量,当含水量过高时,应采取晾晒或掺入石灰、水泥、粉煤灰等材料进行处治,并符合JTG D30的要求。

6.3.6 填坡施工中作必要的截、排水措施和坡面保护,防止坡面产生滑移。

6.3.7 透水性差的填土宜分层设排水层。排水层为级配碎石,外倾5°,层厚0.3 m~0.5 m,排水层高差5 m~8 m。

6.3.8 当填坡区地基坡比大于1∶5时,应将坡面软土清除干净,将基底开挖成台阶。坡面若有地下水渗出,应设置盲沟将地下水引出填坡体外。

6.4 质量检验

6.4.1 削方整形结束后,复核坡面岩土层情况,坡面岩土层应与勘查设计一致。

6.4.2 坡面削方整形施工质量检验按表1执行。

表1 坡面削方整形工程质量检验标准表

项类	检查项目		质量合格标准
主控项目	整形坡面		稳定无松动岩块,应按设计要求处理地质灾害隐患
	平均坡度		不陡于设计坡度
	马道		宽度、标高符合设计要求
一般项目	坡脚标高		±20 cm
	不平整度		±15 cm
	光面爆破半孔率	完整的岩体	>85%
		较完整的岩体	>60%
		破碎的岩体	>20%

6.4.3 坡面开挖质量检验:无倒坡、松动岩块、小块悬挂体、陡坎尖角、爆破裂隙,坡面平直,结构面凿毛处理,结构面上的泥土、锈斑、钙膜等必须清除或处理。超欠挖符合GB 50300的要求。

6.4.4 填坡土现场取样做压实度或密实度检验,填坡土土质、压实度或密实度应符合设计要求。

7 格构锚固坡面防护

7.1 一般规定

7.1.1 格构锚固施工工序应包括:测量放线、坡面整形、锚杆施工、基槽开挖、铺设混凝土垫层、钢筋制作安装、支撑模板、浇筑混凝土、格构间充填及绿化等。格构锚固坡面防护施工工艺流程见附录A.1。

7.1.2 根据格构锚固坡面防护范围划分区段,合理安排工序,实行锚杆、混凝土格构流水施工。

7.1.3 格构锚固坡面防护区域应与周边的稳定坡体相衔接,并保证坡面的排水畅通。

7.1.4 采用钢筋混凝土格构梁及锚杆进行防护时,锚杆应穿过潜在滑动面一定深度,锚固于稳定岩土体中。

7.1.5 高陡边坡宜采用肋柱梁,肋柱定位必须准确,钢筋混凝土强度满足设计要求。

7.1.6 高边坡及危岩体宜先施工上部锚杆,后施工下部锚杆,先施工稳定性较差段的锚杆,后施工稳定性较好段的锚杆。

7.1.7 锚杆位置、锚杆长度、锚杆材料及水泥浆或砂浆配合比、注浆压力、注浆量等应符合设计要求和规范要求,成孔后应及时注浆。

7.1.8 锚杆施工前选择代表性地层做锚杆基本试验,确定成孔注浆等施工工艺及施工参数。试验锚应进行极限抗拔试验,每种锚杆极限抗拔试验一般不少于3根。

7.1.9 下列情况下锚杆应进行拉拔基本试验,并满足GB 50330的要求:

——采用新工艺、新材料或新技术的锚杆。
——无锚固工程经验的岩土层内的锚杆。
——一级边坡工程的锚杆。
——施工图中要求进行现场基本试验时。

7.1.10 格构梁施工应保证钢筋制作安装、模板安装质量,现场做好隐蔽工程验收,留取混凝土试块。混凝土浇筑前必须检查锚杆与格构梁钢筋连接是否牢固,控制混凝土搅拌及浇筑质量。

7.1.11 不同坡度的格构施工,应根据混凝土坍落度和坡面长度制定合理的混凝土浇筑方法,宜由下至上顺序浇筑。

7.1.12 采用预制格构梁时,格构梁宜采用预应力混凝土梁,工厂制作成型,现场安装后施加锚拉预应力锁定。

7.2 锚杆

7.2.1 锚杆施工应包括以下施工工序:锚孔定位、成孔、清孔、杆体制作、杆体安装、注浆等,施工工序前后应衔接以防塌孔。锚杆钻孔安装施工记录表见附录C.5。

7.2.2 锚杆钻孔孔径应达到设计要求,锚孔直径一般为100 mm~150 mm。

7.2.3 锚杆成孔方法:
——土层采用回转钻进及螺旋钻进,泥浆护壁,也可采用潜孔锤钻进。
——岩层采用潜孔锤钻进。
——碎块石层一般采用潜孔锤钻进,也可采用回转钻进。
——如遇易塌孔岩土层,宜采用跟管钻进。

7.2.4 锚孔开孔时应低压、慢转导向钻进,严格控制钻具的倾角及方位角,当钻进0.2 m~0.3 m后应校核角度,施工中宜采用导向钻具钻进,经常检查孔斜度。

7.2.5 锚孔采用轻型钻机或潜孔锤钻进成孔,小直径的短锚杆也可采用手持式风钻成孔。潜孔锤钻进采用压缩空气清孔。

7.2.6 岩溶及松散易塌孔地层宜采用跟管钻进,钻至设计深度后,对钻孔进行清孔并检查,锚孔应完整且深度满足要求。

7.2.7 锚杆灌浆前应清孔,排除孔内钻渣及积水。一般应采用压缩空气清孔,泥浆护壁时采用清水清孔。

7.2.8 锚杆制作应严格按设计要求下料,长度误差不应大于50 mm。接长的杆体轴线应与原轴线保持一致。锚杆杆体防腐应满足设计要求,并应符合CECS 22的规定。

7.2.9 锚杆杆体连接宜采用直螺纹机械连接,机械连接应符合JGJ 107的规定,也可焊接,焊接长度不应小于$10\,d$,焊接施工应符合JGJ 18的规定。锚杆端头应与格构梁钢筋焊接或搭接,如与格构主筋及箍筋相干扰,可局部调整主筋及箍筋间距。

7.2.10 锚杆杆体应设置定位环,定位环间距宜为2 m~3 m,采用钢筋或塑料定位环,使锚杆置于锚孔中心。锚杆的保护层厚度应符合要求,保护层厚度不应小于25 mm。

7.2.11 锚杆体使用前应调直、除锈、除油,成型杆体的运输及入孔应保持平顺,不得弯曲变形。

7.2.12 安放锚杆时应匀速入孔,并将注浆管与锚杆同步放入钻孔,注浆管底端距孔底宜为100 mm。

7.2.13 应采用全黏结注浆,灌注水泥浆或水泥砂浆,浆液水灰比0.4~0.5,灰砂比0.8~1.5,锚杆固结体强度不低于M20。注浆压力0.1 MPa~2 MPa,具体注浆压力按设计和现场试验确定。

7.2.14 根据设计要求,结合岩土体情况确定灌浆压力,应确保浆体灌注密实。当孔口溢出浆液并满足注浆量要求时,可停止注浆。

7.2.15 锚杆注浆必须饱满,一次注浆后,浆体凝固后达不到孔口时需及时补浆,同时在注浆孔口上套塑料管并注浆,确保砂浆柱与格构梁之间连接紧密,避免钢筋外露。

7.2.16 松散土层及节理裂隙发育的岩层可进行二次压浆,二次压浆应在一次注浆24 h之内进行。二次压浆压力不宜小于1.0 MPa,二次压浆的位置应处在锚固端,水灰比0.5～0.6。

7.2.17 浆液拌合后应尽快使用,拌合后超过1 h的浆液不得使用。注浆作业开始和中途停止超过30 min再作业时,宜用水或稀水泥浆润滑注浆泵及注浆管路。

7.2.18 注浆管路应畅通,锚孔孔口宜堵塞,从下至上注浆至孔口冒浆,如出现浆液从锚孔附近溢流时应立即堵填。

7.2.19 注浆完成后,在浆液终凝前不得敲击碰撞杆体,不得对杆体施加荷载。

7.2.20 锚杆杆体应与格构梁可靠锚固,可采用杆体弯折在混凝土梁中或与格构钢筋焊接锚固。

7.2.21 预应力锚杆施工可参照锚索施工工艺要求。较短的岩石锚杆可采用先注浆后下锚方法施工。

7.3 锚索

7.3.1 应根据地层情况选择合理的锚索成孔工艺,宜采用无水钻进,土层可采用回转或螺旋钻钻进,岩层中宜采用潜孔锤钻进。

7.3.2 选用合理钻具:宜选用大直径钻杆,以缩小钻杆与孔壁间隙。宜选用中高风压无阀式冲击器及中高风压球齿合金钻头。

7.3.3 钻孔深度超过锚索设计长度应不小于0.5 m,终孔孔径不应小于设计孔径。

7.3.4 根据设计的锚索长度、锚墩厚度、张拉段长度确定锚索体的长度。根据设计的锚固段及自由段长度,以及实际钻孔揭露的地层情况,确定锚固段及自由段长度。锚固段应承受锚索全部拉力,自由段不承受拉力。若实际钻孔揭露的地层情况与勘查有明显差异,应由勘查设计复核并调整锚索长度。

7.3.5 拉力分散型锚索应根据设计及钻孔情况确定各分散段的长度,不同单元的索体布置应均匀,各单元段的索体数量基本相等,各单元段的锚索在锚头应作标识。

7.3.6 压力分散型锚索采用无黏结钢绞线编制,其锚端及单元承力板采用钢板,锚索用墩头固定在承力钢板上,各单元段的锚索在锚头应作标识。

7.3.7 预应力锚索材料采用低松弛高强钢绞线加工成型,须满足GB/T 5224标准。在锚索编束时对钢绞线预先进行防腐处理。

7.3.8 预应力锚具由锚环、夹片和承压板组成,应具有补偿张拉和松弛的功能。锚具、夹具和连接器的性能均应符合GB/T 14370的规定。

7.3.9 张拉时锚头承力板梁混凝土龄期应达到要求,应具有足够的承载性能,不应发生变形失稳。

7.3.10 隔离架、导向帽和架线环应由钢、塑料或其他对索体无害的材料组成。隔离架间距1 m～2 m,对土层应取小值,对岩层可取大值。

7.3.11 浆液制配材料宜采用普通硅酸盐水泥,水泥强度等级不应低于42.5MPa,遇腐蚀性环境时可采用抗硫酸盐水泥。可采用水灰比0.45～0.50的纯水泥浆,也可采用灰砂比0.8～1.5,水灰比0.45～0.50的水泥砂浆,外加剂的品种和掺量应由试验确定。

7.3.12 水泥浆或水泥砂浆应做配比试验,其强度应满足设计要求,锚索固结体的强度不低于M30。

7.3.13 注浆泵宜采用高压低流量泵,泵额定压力5 MPa～10 MPa,泵额定流量30 L/min～100 L/min。

7.3.14 注浆压力 0.1 MPa～2 MPa，注浆流量 30 L/min～60 L/min，由下至上逐段注浆，注浆管须始终处于浆液面之下。

7.3.15 松散土层中及破碎岩层中宜进行二次压浆，二次压浆应在一次注浆 24 h 之内进行，高压灌注水泥浆，压力不宜小于 2 MPa，水灰比 0.5～0.6。

7.3.16 锚固地层岩溶发育，以及存在较大裂隙、空隙时，可采用跟管钻进及跟管注浆方法，或预先充填空隙裂缝，确保浆液充填密实。

7.3.17 注浆完成后应对锚索孔口进行补浆，补浆次数及时间依据孔内浆液收缩情况确定，补浆应保证孔口满浆。

7.3.18 锚索张拉时，其注浆体及锚定混凝土台座的强度应达到设计要求，土层中注浆体及台座强度不宜低于 20 MPa，岩层不宜低于 25 MPa。

7.3.19 应先对锚索逐根预张拉，预张拉力为设计拉力的 10%～20%，然后分级集中张拉，最终张拉荷载宜为设计荷载的 105%～110%。

7.3.20 荷载分散型锚索按不同的索体长度分单元张拉，之后集中张拉，也可按设计要求对各单元锚索从远端开始顺序进行张拉。

7.3.21 高陡危岩体上大吨位锚索，大型张拉设备就位困难时，在得到设计师认可后，也可采取逐根张拉、逐根锁定的方法，其锁定荷载宜为设计拉力的 100%。

7.3.22 张拉完成后及时进行锚头锁定，锚索锁定荷载宜为设计抗拔力的 50%～80%。

7.3.23 封孔后，切除锚定板梁外的多余预应力钢绞线，二次张拉时预留长度不小于 10 cm。对外露的锚定板、钢绞线清洗干净，浇筑锚头混凝土进行防护，防护层厚度应大于 50 mm。

7.4 钢筋混凝土格构

7.4.1 施工前根据设计要求平整坡面，清除坡面危石及松土，填补凹坑，测量定位格构梁、压顶及封边梁的平面位置及高程。格构梁地基与地质条件不符时，应及时向设计和监理单位提出。

7.4.2 格构梁基槽应平整、密实，格构梁不应置于填土或其他松软土之上。出现裂缝及凹坑时，应填筑后再进行基槽开挖，格构基槽采用人工开挖。

7.4.3 格构垂直于坡面，格构梁嵌固坡内深度不少于 100 mm。在满足格构面与格构间充填坡面防护齐平的同时，应尽可能增加格构嵌固深度。

7.4.4 格构垫层施工时打控制桩，铺设素混凝土垫层，垫层强度 C10～C15，铺设应平整。

7.4.5 模板制作安装必须尺寸标准、牢固，模板可支设在坡面之上，坡面之下格构梁侧壁直接与岩土层相接。

7.4.6 格构梁钢筋安装时，主筋宜采用直螺纹机械连接或焊搭接、箍筋绑扎连接。钢筋绑扎完成后应进行隐蔽工程验收。钢筋入模前应将锈蚀、黏泥清理干净，并清除格构底部浮渣。

7.4.7 混凝土宜采用商品混凝土，无商品混凝土可采用现场搅拌混凝土，混凝土强度等级应符合设计要求。采用现场搅拌混凝土时应进行配比试验。

7.4.8 现场搅拌的混凝土采用料车输送或混凝土泵输送，场地窄小、料车输送困难时，应采用泵送混凝土。

7.4.9 格构混凝土的搅拌、运输、浇筑、振捣应满足混凝土施工规程要求。格构混凝土应及时进行养护，养护期不得少于 7 d。

7.4.10 纵向格构如坡度大于 25°时应设置梁顶模板，按混凝土柱施工方法浇筑；坡度 10°～25°时应采取分层分高度浇筑，宜采用低塌落度混凝土，混凝土的坍落度宜小于 5 cm。

7.4.11 格构混凝土浇筑必须连续作业,边浇筑边振捣。浇筑过程中须留置施工缝时,应留置在两相邻锚杆作用的中心部位。浇筑过程中如有混凝土滑动迹象可采取速凝或早强混凝土,也可采用盖模板封闭。

7.4.12 肋柱混凝土应按混凝土柱施工方法浇筑,若因故中断浇筑,其接缝处应凿毛、冲洗干净后方可继续浇筑。逆作法施工时肋梁柱应有可靠的临时支挡措施。

7.4.13 格构下端设支墩时,应控制支墩坑截面及深度、混凝土搅拌及浇筑质量,支墩与其上方格构梁的连接应紧密。

7.4.14 格构锚固施工中应保证锚杆固结体与格构梁的紧密连接,固结体应嵌入格构梁内长度50 mm(图1)。

7.4.15 应保证锚杆杆体与格构梁的受力连接,锚杆杆体应上弯至格构梁上层钢筋处,锚杆弯折角度应大于90°,上弯长度不小于20d(钢筋直径,图1)。

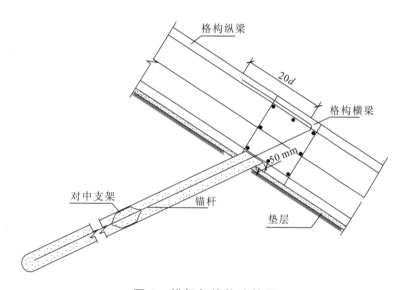

图1 锚杆与格构连接图

7.4.16 对于设置锚杆的格构,锚杆锚拉力大于200 kN、钢筋直径≥28 mm时,不宜采用弯折锚固,应采用焊接钢板连接或其他连接。

7.4.17 格构变形缝按设计要求设置,变形缝间距15 m～20 m,缝宽2 cm,用沥青亚麻或其他防水材料充填,填缝前需将缝内坚硬物如碎石等清理干净。

7.4.18 预制钢筋混凝土格构梁的施工工序应为:削坡整形、锚杆(索)施工、基槽开挖、格构梁预制、格构梁吊装就位、锚杆(索)预应力张拉锁定。

7.4.19 预制混凝土格构梁堆放场地应平整坚实,构件堆放不得引起混凝土构件的损坏,堆垛高度应考虑构件强度、地面承载力以及垛体稳定性。

7.4.20 预制混凝土格构梁强度达到设计强度的70%后,才可进行搬运,应注意轻放,防止碰损。

7.4.21 预制钢筋混凝土格构梁宜采用十字型,高强预应力混凝土结构,呈中厚边薄鱼腹形式。

7.4.22 格构锚固施工完成后,按设计要求做好顶、底及两侧封边,以及截排水工程。格构坡面布置图见附录B.1。

7.5 质量检验

7.5.1 锚孔施工应符合下列规定：
——锚孔定位偏差不宜大于 20 mm。
——锚孔偏斜度不应大于 2%。
——钻孔深度超过锚杆设计长度不小于 0.5 m。

7.5.2 锚杆灌浆浆体强度检验用试块的数量每 30 根锚杆不应少于一组，每组试块应不少于 6 个。

7.5.3 抗拔力检测采用分级加载，荷载分级不得少于 8 级。试验的最大加载量应满足设计要求。

7.5.4 同组锚杆抗拔力的平均值，应大于或等于轴向拉力设计值；同组单根锚杆的轴向抗拔力，不得低于设计值的 90%。

7.5.5 施工中应检查原材料质量，钢筋混凝土格构的原材料、锚杆原材料、混凝土配合比、混凝土强度等应符合设计要求。

7.5.6 格构混凝土试块取样与试件留置：每拌制 100 盘或不足 100 盘取样一次；不超过 100 m³ 的同配合比的混凝土，取样不得少于一次；当一次连续浇筑超过 1 000 m³ 时，同一配合比的混凝土每 200 m³ 取样不得少于一次。

7.5.7 混凝土格构完成后应检查其外观质量和尺寸，表面要平整，整体坡面平顺。混凝土要内实外光，蜂窝麻面深度不大于 10 mm，面积不得超过外露面积的 0.5%。

7.5.8 格构的间距及截面尺寸应符合设计要求。混凝土格构梁的检测应按照现行钢筋混凝土结构检测的有关规范执行。

7.5.9 肋梁纵筋允许偏差不得大于 1.0 cm，横向不得大于 0.5 cm。

7.5.10 混凝土格构质量检验标准按表 2 执行。

表 2 混凝土格构质量检验标准表

序号	实测项目		规定值或允许偏差	实测方法和测点密度
1	格构轴线位置/mm	混凝土	±30	用经纬仪测，每长 20 m 测 3 点，且不少于 3 点
2	格构断面尺寸/mm	混凝土	±20	用水准仪测，每长 20 m 测 1 处，且不少于 3 点
3	格构表面平整度（凹凸差）/mm	混凝土	±10	用尺量，每长 20 m 量 3 处
4	格构坡度/%		±0.5	用铅锤线测，每长 20 m 测 3 处，且不少于 3 点

8 砌体坡面防护

8.1 一般规定

8.1.1 砌体坡面防护应包括以下施工工序：测量放线、坡面整形、土工布铺垫、反滤层铺设、砌体砌筑、变形缝及泄水孔施工等。砌体坡面防护施工工艺流程见附录 A.2。

8.1.2 砌体坡面防护有浆砌体坡面防护、干砌体坡面防护、浆砌格构坡面防护、干砌格构坡面防护等类型。

8.1.3 砌石材料可因地制宜选用片石、块石、条石、料石等，石料宜为未风化的坚硬岩石，无尖角、薄边，上下两面基本平行且大致平整。石料重度不应小于 24 kN/m³，最短边尺寸不宜小于 20 cm，面层块石最小尺寸不应小于设计护面厚度的2/3。

8.1.4 砌石及砂浆强度应满足设计要求,砌石强度不低于MU30,砂浆强度不低于M7.5。

8.1.5 混凝土预制砌块可选用实心混凝土预制块、空心混凝土预制块,形状可选用正方形或六边形等,混凝土砌块强度不宜低于C20。

8.1.6 砌体坡面防护施工前应按设计要求削坡整形,坡面平顺密实,平整度及密实度满足要求,无明显外凸内凹现象。

8.1.7 土工布保土、透水及抗拉强度等各项指标应符合设计要求。铺设应与坡面密贴,要求平顺、松紧适度,避免张拉受力、折叠、打皱等。相邻土工布拼接可用搭接或缝接,搭接宽度不小于50 cm。

8.1.8 砌体垫层施工时打控制桩、带线进行铺填,严格控制垫层铺垫厚度,垫层的铺设应均匀。

8.1.9 砌体垫层铺设时,随砌石面增高分段上升。垫层填筑完成后,在垫层上面可铺铁皮和木板,方便人员行走又可防止扰动垫层。

8.1.10 浆砌石坡面防护应设泄水孔,以排泄坡面内部的积水并减小渗透压力。泄水孔可用10 cm×10 cm的矩形孔或直径10 cm的圆形孔,间距为2 m~3 m。泄水孔内0.5 m范围内应设置反滤层。

8.1.11 按设计要求做好砌体坡面防护的顶、底及两侧封边,以及截排水工程。

8.2 砌石

8.2.1 砌石坡面防护的石料强度、尺寸,以及砂浆配合比、强度等应符合设计要求,不得使用裂石和风化石。

8.2.2 处在流水冲刷及库水位变动带的砌石坡面防护宜采用大块石,铺设的块石应考虑水冲刷、水浮力及水波动的影响,块石的尺寸和重量应满足设计要求。

8.2.3 砌石与坡体接触处,宜开挖成适合块石形状,使块石与坡体结合紧密。

8.2.4 砌石边缘应顺直,砌边整齐牢固,砌石外露面的坡顶和侧边应选用较整齐的石块砌筑。

8.2.5 砌筑时砌块要上下错缝、内外搭砌。浆砌时座浆挤紧,嵌缝砂浆饱满,无空洞现象,砌缝的宽度不应大于25 mm。

8.2.6 砌石要砌筑紧密,结合平稳,禁用小石、片状石,不得有通缝。砌石砌筑满足GB 50924的规定。

8.2.7 浆砌石勾缝所用水泥砂浆应采用较小的水灰比。勾缝前应先剔缝,缝深20 mm~40 mm,用清水洗净,洒水养护不少于3 d。

8.2.8 浆砌块石格构采用断面高×宽不小于300 mm×200 mm,最大不宜超过450 mm×350 mm。格构框条宜采用里肋式或柱肋式。

8.2.9 浆砌块石格构应嵌置于边坡内,嵌置深度不小于100 mm,且大于截面高度的2/3。

8.2.10 浆砌石格构外观质量要求砂浆饱满,砂浆强度满足要求,块石外形完整,无风化剥蚀,块径及格构截面尺寸达到设计要求。

8.2.11 浆砌块石坡面防护每隔10 m~15 m应设置伸缩缝,缝宽2 cm,缝内填塞沥青麻筋或沥青等材料。在基底土质有变化处,应设置沉降缝,宜将伸缩缝与沉降缝合并设置。

8.2.12 浆砌石砌筑12 h~18 h后及时进行养护,养护期不得少于7 d。

8.2.13 砌石格构施工完成后,按设计要求在格构间充填干砌石或做坡面绿化。

8.2.14 干砌石厚度及块度应达到设计要求,块石镶嵌紧密。干砌时不松动、叠砌和浮塞。

8.2.15 干砌石砌体铺筑前,应按设计图纸要求先铺设垫层或反滤层,垫层或反滤层与干砌石衔接施工,随铺随砌。

8.2.16 反滤层石料的粒径、级配、坚硬度、渗透系数、施工方法应符合设计要求。反滤层宜采用直径10 mm~30 mm的碎石,厚度宜为100 mm~150 mm,由下至上均匀铺设。

8.2.17 干砌石坡面防护应由低向高逐步铺砌,要求嵌紧整平,铺砌厚度应达到设计要求。

8.2.18 干砌石坡面防护施工时石块要用手锤敲击塞紧,块度在30 cm以下的石块,连续使用不得超过4块,且两端须加砌长条形丁字石,不得有通长缝。

8.3 预制砌块

8.3.1 预制砌块有混凝土砌块及砖砌块等。混凝土砌块强度不低于C20,砖砌块强度不低于MU10,厚度不宜小于100 mm。

8.3.2 混凝土预制砌块可采用成品或现场预制。采用现场预制时,场地应水源充足,供电方便,道路通畅。

8.3.3 混凝土块预制采用的模板表面应光洁平整,在混凝土入模振捣过程中不变形。

8.3.4 混凝土预制块使用的水泥、粗细骨料和水的质量、尺寸规格必须符合有关规范要求。水泥、粗细骨料进场后必须取样进行质量检验,经检验合格后方可使用。

8.3.5 根据工程所在地原材料的具体状况,进行混凝土配合比试验,确定符合设计要求的最佳配合比。

8.3.6 混凝土采用机械拌和,混凝土初凝前进行初步清光,终凝后再次进行清光,确保表面光滑平整。

8.3.7 成型后湿润的混凝土砌块,经过传送装置传输到养护室进行覆盖养护,养护不低于14 d。严格控制好混凝土砌块成型后的养护温度、湿度和时间,混凝土强度达到2.5 MPa以上方可拆模,拆模不得损坏预制块表面及边角。

8.3.8 按设计要求裁剪、拼幅土工布,避免土工布损伤及脏物污染。土工布与土层应严密接触,施工中发现土工布有损应立即补修或更换。

8.3.9 预制砌块垫层的厚度、颗粒级配、密实度等应符合设计及规范要求,应由下向上铺设。

8.3.10 预制砌块尺寸和强度应满足设计要求。砌块外形轮廓清晰、线条顺直,不应有裂缝、掉角、翘曲和表面严重缺陷的混凝土预制块。

8.3.11 预制块搬运与堆放时要小心轻放,堆放整齐。对拼成图案的板块要保证其完整性。

8.3.12 砌块可为方形、六边形及其他形状,砌块拼装的图案应美观,砌块应整齐牢固。预制砌块砌筑大样图见附录B.2。

8.3.13 预制混凝土块应从下往上顺序砌筑,砌筑应平整、咬合紧密,不出现通缝。砌体外露面应平整美观,外露面砌缝宜为8 mm～10 mm,砌缝应勾缝。

8.3.14 砌块施工应排丁顺布,砌缝应横平竖直,上下块竖缝错开距离不应小于100 mm,铺砌时不能用铁锤击打预制块,应用专用木锤或橡皮锤敲击。

8.3.15 砌筑时依放样桩纵向拉线控制坡比,横向拉线控制平整度,使坡比和平整度达到设计要求。坡面平整度用2 m靠尺检测凹凸不超过1 cm。

8.3.16 砌块施工的砌缝砂浆应填充饱满,砌筑后将面层清理干净,夏季施工面层要加强浇水养护。

8.3.17 浆砌预制砌块砂浆强度应满足设计要求,砂浆强度大于M7.5,砂浆应饱满并充填密实。

8.3.18 浆砌预制砌块按设计要求设置变形缝,变形缝间距宜15 m～20 m,缝宽和镶缝材料应符合设计要求。

8.3.19 浆砌预制砌块的泄水孔布置应满足设计要求,泄水孔可采用PVC管,外倾5°,也可在预制混凝土块时预留泄水孔。

8.3.20 干砌预制砌块相砌应紧密,砌块搭接及拼缝要求同浆砌块,砌块拼排规整。

8.4 质量检验

8.4.1 砌石所用石料强度及规格、砂浆强度及配合比、坡体地基承载力等应符合设计要求。

8.4.2 砌石坡面防护反滤层的材料、规格、粒径、坚硬度、渗透系数、施工方法等应符合设计要求,反滤层铺设应均匀。

8.4.3 施工完成后应检查其外观质量。要求砌体牢固,边缘直顺,勾缝平顺,缝宽均匀,无脱落现象。

8.4.4 砌石坡面防护的质量检验标准按表3执行。

表3 砌石坡面防护质量检验标准

序号	实测项目		规定值或允许偏差	实测方法和测点密度
1	顶面高程/mm	浆砌石	±50	用水准仪测,每长20 m测3点,且不少于3点
		干砌石	±50	
2	坡度/%	浆砌石	0.3	用坡度量尺量,每长20 m量3点,且不少于3点
		干砌石	0.5	
3	断面尺寸/mm	浆砌石	−20	用尺量,每长20 m量3处,且不少于3处
		干砌石	−30	
4	垫、滤层厚度/mm		±20	用尺量,每长20 m量3处,且不少于3处
5	表面平整度/mm	浆砌石	±30	用直尺量,每长20 m量5处,且不少于5处
		干砌石	±30	

8.4.5 预制砌块的强度、尺寸、砂浆等符合设计要求,砌块的尺寸误差控制在±3 mm。

8.4.6 预制砌块坡面防护施工完成后应检查其外观质量。表面要平整,整体坡度平顺。混凝土要内实外光,蜂窝麻面深度不大于10 mm,面积不得超过外露面积的0.5%。

8.4.7 预制砌块坡面防护的质量检验标准按表4执行。

表4 预制砌块坡面防护质量检验标准

项次	检查项目	规定值或允许偏差	检查方法和测点密度
1	顶面高程/mm	±50	用水准仪测,每20 m检查3点
2	表面平整度/mm	30	用2 m直尺量,每20 m检查3处
3	坡度	不陡于设计	用坡度量尺量,每20 m量3处
4	厚度	不小于设计值	用尺量,每20 m检查3处
5	底面高程/mm	±50	用水准仪测,每20 m检查3点

9 喷锚坡面防护

9.1 一般规定

9.1.1 喷锚坡面防护的施工工序应为:清坡整形、锚杆施工、喷射混凝土底层、设置泄水孔、铺设网筋、设置锚头拉筋、锚头防腐处理、喷射混凝土面层等。喷锚坡面防护施工工艺流程见附录A.3。

9.1.2 喷锚坡面防护分为锚杆挂网喷射混凝土、挂网喷射混凝土及素喷混凝土坡面防护等类型,应根据不同喷锚坡面防护类型组织相应工序,素喷应一次成型,挂网喷应分上下两层成型。

9.1.3 喷锚坡面防护工程施工前应对坡面进行削坡整形,清除坡面不稳定及松散的岩土,整形后的坡面坡比、平整度应符合设计要求。

9.1.4 按设计要求设置泄水孔,泄水孔宜与网筋同步安装,宜采用直径 50 mm～100 mm 的 PVC 管,外倾 5°。

9.1.5 喷锚坡面防护施工应按设计要求设置变形缝,每 15 m～20 m 设置变形缝,并用沥青木板分隔。

9.1.6 做好喷射混凝土的顶、底和两侧的封边,其底边应深入到护脚墙内 50 cm,防止雨水冲刷形成混凝土脱落烂根,做好顶、底及两侧的截排水工程。

9.2 锚杆及挂网

9.2.1 锚杆原材料类型、规格、品种,以及锚杆各部件质量和技术性能应符合设计要求。锚杆钢筋强度等级不应低于 HRB400,锚孔孔径及杆体直径应达到设计要求。

9.2.2 锚杆杆头与喷射混凝土层宜采用弯折连接,弯折长度不宜小于 $15d$,杆体与拉筋扎绑或焊接。喷锚支护大样图见附录 B.3。

9.2.3 锚杆注浆体宜嵌入喷射混凝土面层 30 mm,应按照相关规定作好防腐处理。

9.2.4 网筋采用 $\phi6\sim\phi8$ 钢筋,使用前应先除锈,间距 200 mm～300 mm 双向布筋,也可采用密目钢丝网,锚杆拉筋直径宜为 $\phi16\sim\phi20$,与锚杆杆体焊接或绑扎连接。钢筋网保护层厚度不应小于 25 mm。锚杆拉筋可采用水平布置或菱形布置,见图 2、图 3。

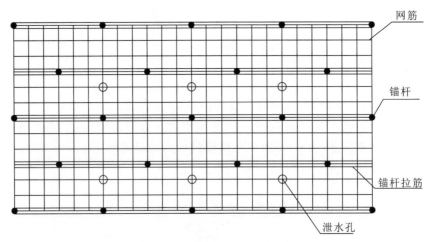

图 2 锚杆拉筋水平布置图

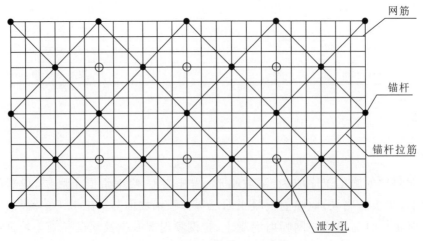

图 3 锚杆拉筋菱形布置图

9.2.5 网筋及锚杆拉筋在岩面喷射底层混凝土后铺设,钢筋网与坡面的间距宜为50 mm。

9.2.6 网筋搭接长度不应小于300 mm,网筋的搭接接头应相互错开,接头绑扎连接。密目钢丝网筋搭接长度应满足锚固要求。

9.2.7 锚杆拉筋可水平布置,也可菱形布置,拉筋置于网筋之上,并与网筋和锚杆的弯折杆体绑扎连接或焊接。

9.2.8 自上而下安装钢筋网,安装时用锚杆钢筋压住钢筋网并密贴在混凝土表面上,将锚杆钢筋与网筋及锚杆拉筋层层连接,并用铁丝绑扎固定。

9.2.9 钢筋网应与锚杆连接牢固,喷射时网筋不得晃动,防止中部打折。采用双层钢筋网时,上层钢筋网宜在下层钢筋网喷射混凝土后安装。

9.2.10 锚头位置应做好防腐处理,当设计有锚墩时,锚定板应完全被喷射混凝土覆盖,并在锚定板外侧施工防护罩和混凝土锚墩,混凝土保护层厚度不应小于50 mm。

9.3 喷射混凝土

9.3.1 素喷混凝土一次成型,挂网喷射混凝土先喷底层,挂网后再喷面层,锚杆挂网喷射混凝土先施工锚杆,喷底层挂网后再喷面层。

9.3.2 喷射混凝土层厚度宜为100 mm～150 mm,强度C20～C25,采用细石混凝土,分上下两层喷射施工。应进行现场配比试验,确定材料的配比。

9.3.3 喷射混凝土粗骨料为瓜米石,石料粒径5 mm～15 mm,细骨料为中砂,宜采用普通硅酸盐水泥,水泥与砂石比宜为0.25,混合料应采用搅拌机拌合。

9.3.4 干法喷射时,喷射混凝土机械施工工效为3 m³/h～5 m³/h,喷头处的水压力为0.15 MPa～0.2 MPa,水泥与砂、石的重量比宜为1.0∶4.0～1.0∶4.5,水灰比宜为0.40～0.45。

9.3.5 喷射机工作风压和排风量应符合要求,空压机排风量不应小于9 m³/min,风压不小于0.5 MPa。压风进入喷射机前,须进行油水分离。

9.3.6 在喷射混凝土前用高压风或水清洗受喷面,将粉尘和杂物清除干净。受喷面有较集中渗水时应作排水引流处理,无集中渗流时应根据受喷面干湿程度适当调整水灰比。

9.3.7 喷射前做好地表排水,对个别渗水孔洞、缝隙应采取堵水措施。

9.3.8 喷射混凝土输料管应能承受0.8 MPa以上的压力,应有良好的耐磨性能。

9.3.9 湿法喷射时,喷射混凝土机械施工工效应大于5 m³/h,水泥与砂、石的重量比宜为1.0∶3.5～1.0∶4.0,水灰比宜为0.42～0.50,砂率宜为50%～60%。

9.3.10 用于湿法喷射的混合料拌制后,应进行坍落度测定,其坍落度宜为8 cm～12 cm。

9.3.11 采用湿法喷射时,宜备有液态速凝剂,并应检查速凝剂的泵送及计量装置性能。

9.3.12 喷射混凝土的分缝间距15 m～20 m。泄水孔宜采用直径50 mm～100 mm的PVC管,外倾5°,泄水孔横向间距2 m～3 m,纵向间距3 m～5 m。根据设计要求的间距按梅花形设置泄水孔并用铁丝绑扎牢固。

9.3.13 控制喷射混凝土厚度,在边坡上每隔3 m～5 m打入短钢筋桩作为标记,短筋应标识初喷位置及复喷位置。

9.3.14 开始喷射时应减小喷头与受喷面的距离,并调节喷射角度,以保证钢筋与壁面之间混凝土的密实。

9.3.15 喷头与受喷面应垂直,宜保持0.6 m～1.0 m的距离,喷射混凝土的回弹率不应大于15%。喷射中如有脱落的混凝土被钢筋网架住,应及时清除。

9.3.16 喷射作业区粉尘浓度不应大于10 mg/m³，喷射机喷射手和拌合机械操作人员应佩戴防尘口罩、防尘帽等防护用具。

9.3.17 喷射混凝土终凝2 h后应喷水养护，养护时间不得少于7 d。气温低于5 ℃时，不得喷水养护。

9.3.18 冬期施工喷射作业区的气温不应低于5 ℃，混合料进入喷射机的温度不应低于5 ℃。采用普通硅酸盐水泥及矿渣水泥配制的喷射混凝土在其强度分别低于设计强度30%及40%时，不得受冻。

9.4 质量检验

9.4.1 喷锚原材料和混凝土的配合比、强度等应符合设计要求。喷射混凝土施工质量验收记录表如附表E.4所示。

9.4.2 喷锚岩面处理应符合设计要求，受喷面应密实无松散岩土，受喷面底部不得有回弹物堆积。

9.4.3 混凝土试块数量，每喷射50 m³～100 m³混合料或混合料小于50 m³的独立工程，不得少于一组，每组试块不得少于3个。

9.4.4 不允许钢筋与锚杆外露，不允许漏喷、脱层和混凝土开裂脱落，喷层应与坡体连接紧密。

9.4.5 施工完成后应检查其外观质量，要求喷层密实，表面平顺整齐，无明显凸凹面，回弹物应清理干净。

9.4.6 锚杆孔距的允许偏差为150 mm，预应力锚杆孔距的允许偏差为200 mm。

9.4.7 喷射混凝土厚度和强度的检验应符合下列规定：
——可用凿孔法或钻孔法检测喷射混凝土厚度，每100 m²抽检1组，每组不应少于3个点。
——厚度平均值应大于设计厚度，最小值不应小于设计厚度的80%。
——混凝土抗压强度的检测和评定应符合GB/T 50344的有关规定。

9.4.8 锚杆抗拔力检测数量按照每300根锚杆抽样1组，每组锚杆不得少于3根，锚杆孔径、孔深、杆体直径及强度、锚杆砂浆强度等应符合设计要求及规范要求，锚杆抗拔力检测合格。

10 柔性防护网坡面防护

10.1 一般规定

10.1.1 主被动防护网为定型产品，系统部件为标准化的部件，其技术性能应符合TB/T 3089规定。

10.1.2 主被动防护网施工工程中有关钢筋、混凝土、锚杆等工程，除应按本规范执行外，可参照GB 50204、GB 50086等规范执行。

10.1.3 防护网出厂检验按批进行，每批不应超过200张，外观应逐个进行检验，尺寸应每批随机抽取3个实物试样进行检验，力学性能每批应制作3个试样进行检验。所有检验项目均符合规定时，则判定该批产品为合格，方可进场。

10.1.4 环形网用钢丝应符合GB/T 343的规定，其钢丝强度不应低于1 770 MPa，热镀锌等级不低于AB级或采用不低于150 g/m²的锌铝合金镀层处理。

10.1.5 钢丝格栅编织用钢丝应符合GB/T 343的规定，热镀锌等级不低于AB级，其中高强度钢丝格栅亦可采用不低于150 g/m²的锌铝合金镀层处理。

10.1.6 编网、支撑绳及拉锚系统所用钢丝绳应符合 GB/T 8918 的规定,其钢丝强度不应低于 1 770 MPa,热镀锌等级不低于 AB 级。

10.1.7 减压环出厂检验按批进行,每批不应超过 1 000 个,随机抽取 2 个减压环进行力学性能检验。

10.2 主动防护网

10.2.1 主动防护网应包括以下施工工序:清表、锚杆定位及施工、支撑绳安装、格栅网铺设及缝合等。主动防护网大样图见附录 B.4。

10.2.2 施工前应清除浮土及浮石,对不利于安装施工和影响防护功能的局部地形进行适当修整或加固处理。

10.2.3 放线测量确定锚杆孔位,锚杆孔位宜选择在低凹处,对于起加固作用的主动防护系统,当不具备天然低凹地形时,应在孔位处开凿深度不小于锚杆外露环套或锚垫板的凹坑,坑径约 200 mm,深 150 mm。

10.2.4 按设计深度钻凿锚孔并清孔,孔深应超过设计锚杆长度 50 mm 以上,孔径不小于 42mm。钻孔向下倾斜的角度不宜小于 15°,宜与所在位置坡面垂直,终孔后用高压气清孔。

10.2.5 对钢绳锚杆,孔深应比设计锚杆长度深 50 mm~100 mm。自进式锚杆钻进深度误差不宜大于 50 mm。

10.2.6 锚杆杆体使用前应平直、除锈、除油,钢绳锚杆杆体使用前应除油。

10.2.7 注浆并插入锚杆,杆体插入孔内长度不应小于设计规定的深度。采用强度不低于 M20 水泥砂浆,应确保孔内浆液饱满,锚杆安装后不得随意敲击,在进行下一道工序前注浆体龄期不少于 3 d。

10.2.8 注浆开始前或注浆中途停止超过 30 min 后,应用水或稀水泥浆润滑注浆管及其管路。注浆时注浆管应插至距孔底 100 mm,随砂浆的注入缓慢匀速拔出,杆体插入后若孔口无砂浆溢出,应及时补浆。

10.2.9 安装纵横向支撑绳,不预先切断,根据需要的总长度现场配置。绳卡与锚杆外露环套固定连接。支撑绳两端固定前应张紧,张紧力不应小于 5 kN。

10.2.10 从上向下铺挂格栅网,格栅网间重叠宽度不小于 50 mm,格栅网间的缝合以及格栅网与支撑绳间采用 φ1.5 mm 铁丝扎结,坡度小于 45°时扎结点间距不得大于 2 m,坡度大于 45°时扎结点间距不得大于 1 m。

10.2.11 格栅网铺设的同时,从上向下铺挂钢丝绳网并缝合,通过拧紧螺母来对锚杆施加预应力并张紧格栅。

10.2.12 主动帘式防护网施工时,帘式网上部锚杆的深度及布置应达到设计要求,帘式网下部自由段的长度应根据设计及危石位置确定。

10.3 被动防护网

10.3.1 被动防护网由钢丝绳网、固定系统、减压环和钢柱 4 个主要部分组成。被动防护网大样图见附录 B.4。

10.3.2 被动防护网应包括以下施工工序:清坡、放线、基础施工、基座及锚杆安装、钢柱及拉锚绳的安装和调试、支撑绳的安装和调试、柔性网的铺挂与缝合、格栅铺挂等。

10.3.3 对于坡面上的浮石或孤危石,宜先进行清除或加固处理。

10.3.4 施工前按设计要求并结合现场地形对钢柱和锚杆基础进行测量定位,防护系统的横向位置和纵坡位置不得随意改变,钢柱的设计柱间距可在20%范围内调整。

10.3.5 对基岩或坚硬岩土地基可直接在锚孔位置钻凿锚杆孔,对不能直接成孔的松散岩土体应进行基础开挖,浇筑混凝土锚杆基础。

10.3.6 对直接成孔的锚杆采用灌注砂浆方式安装,对采用混凝土基础的锚杆,应在浇筑混凝土基础时预先埋设。

10.3.7 安装基座的基础顶面应平整,不应高出地面10 cm,下支撑绳宜紧贴地面;基座顶面埋深也不宜较深,以免防护网防护高度降低或基座坑积水。

10.3.8 混凝土基座采用人工开挖,混凝土基座顶面与拦石网系统走向中心线处地面齐平。

10.3.9 与锚垫板配套的钢筋锚杆采用精轧螺纹钢筋,也可采用普通螺纹钢筋在一端加工不短于150 mm的加工螺纹段,螺纹规格应能承受不小于30 kN的紧固力。

10.3.10 钢柱基座长轴方向与该基座中心线和其左右基座中心连线夹角的平分线方向一致。钢柱混凝土基座侧壁外露高度超过30 cm时,采用C25钢筋混凝土,纵向钢筋采用ϕ16螺纹钢筋,箍筋采用ϕ8圆钢。

10.3.11 地面以下的埋入式钢柱基座和拉锚绳锚杆基座采用C20素混凝土。钻孔注浆锚杆采用M20水泥砂浆或纯水泥浆。地脚螺栓锚杆用ϕ32螺纹钢筋加工制作,总长为1.0 m,顶端丝口M27×100,并配相应垫片和螺母。

10.3.12 钢柱宜与拉锚绳同时安装,安装后通过拉锚绳张拉段的长度调整钢柱安装倾角至符合设计要求。钢柱及拉锚绳安装须在锚杆砂浆凝固3 d后进行。

10.3.13 拉锚绳的安装位置应准确,事先将减压环调整到正确位置。拉锚绳安装就位后应予以张紧,缝合绳应按钢丝绳规格预先切断。

10.3.14 上拉锚绳应在柔性网铺挂前安装,通过上拉锚绳按设计方位调整钢柱的方位,拉紧上拉锚绳并用绳卡固定。

10.3.15 上拉锚绳的挂环挂于钢柱顶端挂座上,上拉锚绳的另一端与对应的上拉锚杆套连接,用绳卡或铝合金紧固套管固定。

10.3.16 柔性网的缝合绳宜在网与支撑绳或不同网块间连接,不得与钢柱、基座、拉锚绳连接。对支撑绳上带有减压环的系统,缝合绳不应连接在带减压环的支撑绳上。

10.3.17 格栅与柔性网间须用扎丝扎结,宜翻越网顶上沿适当宽度。格栅下部宜留有一定富余,使其自然平铺在网后地面上。

10.3.18 格栅底部应沿斜坡向下敷设0.5 m,避免下支撑绳与地面间留缝隙,用石块将格栅底部压住,避免落石将格栅向上掀起。

10.4 质量检验

10.4.1 主、被动防护网用的钢丝绳、钢丝、钢柱、格栅网、拉锚支撑绳、卡扣等原材料规格及质量符合设计要求。

10.4.2 钢筋锚杆质量检验见本规程第7.5节锚杆质量检验相关要求。钢丝绳锚杆孔位、孔深、孔径及砂浆强度符合设计要求,钢丝绳弯折固定做法符合设计要求。

10.4.3 主动防护网布置范围、加固面积应符合设计要求;被动防护网布置位置、高度、长度应符合设计要求。

10.4.4 被动防护网钢柱基础尺寸不小于设计要求,基础混凝土强度和钢柱间距应符合设计要求。

10.4.5 主动防护网安装质量检验标准见表5。

表5 主动防护网安装质量检验标准表

序号	实测项目	规定值或允许偏差	实测方法和测点密度
1	顶底高程/mm	±50	用水准仪测,每长20 m测3点,且不少于3点
2	锚杆数量	不少于设计	查施工、监理记录
3	坡面防护面积	不少于设计	用尺量或经纬仪测,全部

10.4.6 被动防护网安装质量检验标准见表6。

表6 被动防护网安装质量检验标准表

序号	实测项目	规定值或允许偏差	实测方法和测点密度
1	布置高程/mm	±100	用水准仪测,每长20 m测3点,且不少于3点
2	钢柱间距/mm	±100	用经纬仪测,全部
3	防护网高度	不小于设计	用尺量,全部
4	防护网长度	不小于设计	用尺量,全部

11 植被生态坡面防护

11.1 一般规定

11.1.1 植被生态坡面防护工程主要有喷播、种植、土工格室、植生袋(盆)、飘台(燕窝巢)种植绿化、土工袋绿化等。

11.1.2 植被坡面防护应根据边坡坡形坡比选择适宜的植被生态坡面防护方法。坡比较缓时可植树,中等坡比时可植草、植小灌木,坡比陡倾时,采用上爬下挂或其他绿化方法。多段坡比的边坡,可采取相适应的植被坡面防护形式。

11.1.3 植物品种应选择乡土树种为主,尽量少用或慎用外来树种。植物群落类型应优先选择与边坡周围群落相同或相近的物种和群落类型,使其与周边景观相协调。

11.1.4 植物群落类型应依边坡坡度、土壤性质、植物生长发育所需最低土层厚度、播种期20 d内的最低土壤湿度等条件确定。

11.1.5 坡面植物群落主要分森林型、草灌型、草本型和观赏型。坡面植物绿化群落的选择应与坡面类型和自然环境相适应,并确保植物能够长时间成活。

11.1.6 高陡边坡绿化工程植物的种植方式分喷播和栽植,森林型和观赏型植物群落多采用栽植,草灌型植物群落多采用喷播,草本型植物群落既可采用播种也可采用栽植。

11.1.7 喷播适用于易生长草木的边坡,不适用于临河受河水冲刷的边坡。

11.1.8 施工宜在春季和秋季进行,应尽量避免在暴雨季节施工,避免雨水冲刷。雨天施工应采用稻草、秸秆编织席覆盖。在干旱、半干旱地区应保证养护用水的持续供给。

11.1.9 植被洒水养护不少于45 d,定期进行病虫害防治、追肥,未成活的植物应及时补播。

11.1.10 排水设施应在植被坡面防护工程实施之前进行设计和施工。

11.2 喷播坡面防护

11.2.1 喷播坡面防护施工工序应包括：坡面整理、测量放样、锚杆钻孔、安装锚杆、安装网、拌和基材混合物、喷射基材、喷播种子、养护管理。

11.2.2 对于坡度大于30°的坡面，应采用钢丝网或土工网固定生长发育基材。坡面绿化基材喷射厚度不大于10 cm时，可采用单层钢丝网进行固定；坡面绿化基材喷射厚度超过10 cm时，宜采用双层钢丝网或土工网进行固定。

11.2.3 按设计布置锚杆孔位，可采用风钻打孔、常压注浆，锚杆钻孔孔眼应垂直坡面，孔径50 mm。锚杆注浆7 d后选取2%的锚杆进行抗拔试验，要求锚杆抗拔力大于10 kN/m。

11.2.4 采用M20水泥砂浆固定锚杆，水泥砂浆应填满钻孔并密实。

11.2.5 铺设的固定网片应采用钢筋锚杆进行锚固，锚固段长度岩质边坡不得小于30 cm，土质边坡不得小于80 cm。

11.2.6 固定网可采用14#镀锌铁丝网，网孔50 mm×50 mm。挂网应在锚杆达到抗拔力后进行，固定网必须张拉紧，网间搭接宽度不小于5 cm，并间隔30 cm用18#铁丝绑扎牢固，保证网与网间的牢固连接，控制网与坡面的间距相同。安放锚杆托板固定网，确保网与原坡面的间距不小于5.5 cm。

11.2.7 客土喷播前应按设计的配合比制作生长发育基材，生长发育基材主要由腐殖质有机物、混合肥、保水剂等按照设计的配比混合组成。

11.2.8 绿化基材、纤维、种植土可按1∶2∶2(体积比)的设计比例及混合植被种子依次倒入混凝土搅拌机料斗进行搅拌，搅拌时间不应小于90 s。

11.2.9 采用人工或机械上料的方式，把拌和均匀的基材混合物送至喷射机喷播施工，坡面设控制标桩，以保证喷射厚度达到设计要求。

11.2.10 喷枪应与受喷面垂直，避免仰喷，凹凸部及死角部分要充分喷满。控制风压风量，保证枪口风压在4.5 kPa～5.5 kPa的范围。喷射时应按从上到下的顺序进行，确保无漏喷。

11.2.11 客土喷播作业时，基层和面层分开喷射施工，先喷基层后喷面层。当基层厚度超过10 cm时应进行分层喷射，每层的喷射厚度不宜超过8 cm，并在每层喷射施工作业完成后铺设固定网进行固定。混合植物种子只拌合在面层，面层的喷射厚度宜控制在2 cm。

11.2.12 面层喷射完成后，应覆盖28 g/m² 无纺布进行保温保湿。施工完成后应用高压喷雾器将养护水喷成雾状均匀地湿润坡面。

11.2.13 发芽期养护湿润深度应控制在3 cm～5 cm，幼苗期依据植物根系的发展逐渐加大到5 cm～15 cm。前期养护时间为45 d左右，每天养护两次，早晚各一次。

11.3 种植坡面防护

11.3.1 种植坡面防护施工工序应包括：平整坡面、排水设施施工、回填改良土、栽植施工、盖无纺布、前期养护。

11.3.2 乔木、亚乔木和灌木等植物物种应选择当地生长物种，宜选择生命力强、成林快、绿化美化效果好的物种。

11.3.3 树苗应采用二年生苗，胸径不小于4 cm，株高不小于100 cm。灌木冠丛不小于20 cm，顶芽饱满，无病虫危害和机械损伤。

11.3.4 坡面种植土应不含杂质，土壤pH值控制在6.0～8.5，含盐量不大于0.3%，含水率控制在

16%～25%。

11.3.5 客土内应混合一定的保水剂、有机肥等,覆土厚度不宜小于30 cm。

11.3.6 树苗栽种种植坑穴的间距应根据其成林后的覆盖范围确定。坑穴直径宜为0.6 m,深0.5 m。栽植时沿行距划好行定位线,由行定位线按株距确定株定位点。

11.3.7 树苗的栽植可与坑穴客土回填同步实施,苗木栽种填土到坑深的2/3左右时,把苗木向上略提并踩实,填土至坑满后在植穴表面覆盖厚约5 cm的松土。

11.3.8 应对回填土进行略压实,洒水润湿厚度10 mm～30 mm,保证回填改良土稳定。

11.3.9 栽植工作完成后应有3个月的成活养护时期,需采取的养护措施:施肥、防病除害、树桩绑扎、加土扶正、灌溉浇水等。

11.4 其他生态坡面防护

11.4.1 其他生态坡面防护工程主要有土工格室、植生袋(盆)、飘台及燕窝巢种植、土工袋绿化等。

11.4.2 土工格室铺设施工前,按设计要求平整坡面,采用人工修坡,清除坡面浮石、危石、杂草、树根等。

11.4.3 根据边坡坡比采用不同单元组合形式的土工格室。连接时将未展开的土工格室组件并齐,对准相应的连接塑件,插入特制圆销展开。

11.4.4 土工格室固定后,向格室内填土,充填时要使用振动板密实,且高出格室面1 cm～2 cm。

11.4.5 植生袋适用于堤岸边坡、防护墙和土壤贫瘠的硬岩生态恢复。施工前应平整边坡,施工中应轻拿轻放,保持草籽附着完好。

11.4.6 植生袋装土后不应再运输,以免损坏袋表面。每垛完一层植生袋,应将植生袋与基面和植生袋与植生袋之间的缝隙用土填实。

11.4.7 在垂直摞或接近垂直叠摞植生袋时,每摞高1 m时,应在基面上打固定桩,把植生袋拉紧并固定,防止植生袋倒塌。

11.4.8 植生盆适用于岩石坚硬、岩面不平整、裂隙和微地形充分发育的岩质边坡,较适宜的坡度为50°左右。

11.4.9 植生盆的位置应依坡面地形的起伏确定,选在凹处构建,密度应为100 m^2 建6～40个。利用微凹地形建造植生盆时,应在微凹口外侧人工开拓平台,用浆砌块石砌筑植生盆,直径大于50 cm,深度大于50 cm,挡土壁厚度15 cm～30 cm。

11.4.10 应在植生盆内回填3/4体积的种植土,种植土成分为:种植壤土、复合肥、保水剂、泥炭土等组分。

11.4.11 飘台及燕窝巢施工工序应包括:安装模板、绑扎钢筋、预设底板排水孔、浇筑混凝土、架设灌溉系统、槽内铺填种植土、播种或栽种。

11.4.12 飘台和燕窝巢种植绿化施工应在坡面上搭设脚手架,用于施工钢筋混凝土结构的飘台及燕窝巢,脚手架应满足施工安全的要求。

11.4.13 坡面上设置固定飘台的锚固钢筋,锚固钢筋直径不应小于ϕ16,钢筋宜选择HRB 335及以上,锚固钢筋锚固在岩体内的深度不应小于35d,并注水泥浆,锚固钢筋的间距应符合设计要求。

11.4.14 飘台锚固钢筋施工时应进行防腐、防锈处理,飘台固定好后,应利用高标号水泥砂浆把飘台与坡面的空隙、锚杆露出部分浇筑密封,保证飘台的耐久性。

11.4.15 燕窝巢可利用坡面的凹坑或人工凿成的凹坑,凹坑应内倾,凹坑深度不宜小于60 cm,宽度不宜小于50 cm。

11.4.16 土工袋绿化施工：应选择优质、无毒、耐酸碱聚丙烯材质土工袋，并应符合表7技术指标要求。

表7 土工袋技术指标

序号	检测项目		计量单位	技术指标
1	单位面积质量		g/m²	≥140
2	厚度		mm	≥6.9
3	断裂强度	纵向	kN/m	≥6.9
		横向	kN/m	≥1.12
4	断裂伸长率	纵向	%	40～80
		横向	%	40～80
5	梯形撕破强力	纵向	N	≥196
		横向	N	≥196
6	CBR顶破强力		N	≥1 280
7	垂直渗透系数		cm/s	≥1.0×10^{-3}

11.4.17 种植土和种子拌合均匀后装入土工袋内，将袋口扎紧密封。沿坡面由下往上顺层码放土工袋，每码好一层后安装袋与袋之间的连接扣，插入锚钉，在连接扣的表面涂上黏合剂，再码上一层的土工袋直至坡顶。

11.4.18 在陡崖边坡上可利用藤蔓植物上爬下挂方式的复绿技术，藤蔓植物的株距为0.5 m。种类选择爬山虎、常春藤等。

11.4.19 坡底外侧宜设置绿化带、排水沟，可植树及种植爬蔓植物。

11.5 质量检验

11.5.1 植物绿化应具有自我修复能力，景观效果一年内应明显改善，三年后植物群落应进入自然演替。边坡绿化防护裸露岩石坡面植被覆盖率应达到70%以上。

11.5.2 植被坡面防护验收方法应按相关规定执行。验收时期：施工结束3个月后应进行初验；以草本植物群落为恢复目标的绿化防护工程应在施工1年后验收；以灌木或乔木植物群落为恢复目标的应在施工3年后验收。

11.5.3 喷播坡面防护质量验收应对所喷播的基材混合物质量进行检验及评定，见附录D.1。前期养护结束工程质量验收主要是坡面植被性状的检验指标及评定，见附录D.2。一年后，植物生长达到一个生命周期，填报终检验收单，见附录D.3。质量等级分类采用加权平均法：

$$W_i = \sum P_i \times X_i \quad \quad \quad \quad \quad (1)$$

式中：

P_i——检验指标；

X_i——权重。

$W_i \geq 80$ 为优良，$60 \leq W_i < 80$ 为合格，$W_i < 60$ 为不合格。

11.5.4 草本应长势正常，生长量接近邻近山坡地同物种的平均年生长量，1年后覆盖率达95%以上，3年后保存率90%以上。

11.5.5 藤本应长势正常,生长量接近平均年生长量,1年后达95%以上,攀缘长度250 cm以上,且分布均匀。3年后保存率90%以上,攀缘长度500 cm以上。

11.5.6 灌木应长势正常,生长量接近邻近山坡地同物种的平均年生长量的85%,1年后达95%以上,大灌木高度80 cm以上,小灌木高度40 cm以上,冠幅直径30 cm以上且分布均匀;3年后保存率90%以上,高度150 cm以上。

11.5.7 乔木应长势正常,生长量达到邻近山坡地同物种的平均年生长量的65%以上,1年后成活率达95%以上,小苗高度100 cm以上,冠幅60 cm以上且分布均匀;大苗高度180 cm以上,冠幅120 cm以上。3年后乔木保存率75%以上,小苗高度250 cm以上,大苗高度350 cm以上。

12 其他坡面防护

12.1 挡土墙

12.1.1 应根据使用要求、地形、地质和施工条件选择挡土墙形式,岩质边坡和挖方形成的土质边坡宜采用砌体挡土墙,挡土墙地基较差时宜采用混凝土挡土墙,高填方边坡宜采用扶壁式混凝土挡土墙。

12.1.2 挡土墙地基必须保证稳定,不得产生基底滑移和剪出破坏,挡土墙基槽尺寸应满足要求。

12.1.3 挡土墙地基承载力须满足设计要求,墙基不得置于可软塑状黏性土或松散砂土中。地基承载力不能满足设计要求时,可采取换填或进行地基加固处理。

12.1.4 挡土墙基础埋置深度应符合设计要求,并应根据地基承载力、地基稳定性、挡土墙抗倾覆稳定性、岩石的风化程度以及流水冲刷等确定。

12.1.5 挡土墙基底呈略反倾或水平,沿挡土墙走向基底坡度不宜大于5%,当大于5%时基底应开挖成台阶状。

12.1.6 基槽开挖前要做好地面截排水,保持基槽干燥,不得遭受水浸。

12.1.7 挡土墙应分段开挖、分段砌筑,分段长度应根据边坡的稳定性、临近建(构)筑物的影响和施工队伍的施工能力确定。

12.1.8 砌石挡土墙施工工序包括:测量放线、基槽开挖、基槽检验、砌筑基础、砌筑墙体、设置泄水孔及反滤层和墙后回填等。

12.1.9 砌石挡土墙墙体所用石料强度及块径应符合设计要求,应采用石质均匀,不易风化又无裂缝的硬质石料,砌筑前应将石料表面泥垢清除干净。

12.1.10 砂浆的类别和强度等级应符合设计要求。砂料宜采用中砂或粗砂,当用于砌筑片石时,最大粒径不宜超过5 mm,砌筑块石、粗料石、混凝土块时,粒径不宜超过2.5 mm。当采用细砂时,应适当增加水泥用量。

12.1.11 砌体表面浆缝应留出10 mm~20 mm深的缝槽,用于砂浆勾缝。勾缝砂浆的强度等级应比砌体砂浆强度等级提高一级。砌体隐蔽面的砌缝,可随砌随刮平,不另勾缝。

12.1.12 挡土墙砌筑应两面立杆挂线或样板挂线。外面线应顺直整齐,逐层收坡;内面线可大致顺直。应保证砌体各部尺寸符合设计要求,砌筑中应经常校正线杆避免偏差。

12.1.13 浆砌石的底面应卧浆铺砌,立缝填浆补实,不应有孔隙和立缝贯通现象。砌筑作业中断时,应将砌好的石层孔隙用砂浆填满,所有工作缝应留斜槎。

12.1.14 砌石挡土墙应分层错缝,砂浆饱满,块石强度、规格和质量应符合设计要求。

12.1.15 砌石挡土墙及混凝土挡土墙伸缩缝间距应为10 m~20 m,素混凝土挡墙伸缩缝间距应为

10 m～15 m,在地基岩土性质和挡土墙高度变化处应设沉降缝。缝宽应为 20 mm～30 mm,缝中应填塞沥青麻筋或其他有弹性的防水材料,填塞深度不应小于 150 mm。

12.1.16 混凝土挡土墙施工工序包括:测量放线、基槽开挖、基槽检验、钢筋绑扎、模板安装与固定、浇筑混凝土、设置泄水孔及反滤层和墙后回填等。

12.1.17 混凝土挡土墙混凝土强度不低于 C20,施工前应进行混凝土配合比试验。

12.1.18 混凝土挡土墙钢筋规格、性能、钢筋搭接和锚固应符合设计要求及 GB 50204 的有关规定。

12.1.19 混凝土挡土墙不得有露筋和空洞,钢筋布置、混凝土强度必须达到设计要求,结构尺寸必须满足设计要求。

12.1.20 混凝土所用的水泥、砂石、外加剂的质量应符合设计及规范要求,严格按规定的配合比施工。

12.1.21 悬臂式挡土墙和扶壁式挡土墙施工时,各部位尺寸、构造、基础埋置深度、钢筋规格、混凝土强度等级等,均应符合设计要求。

12.1.22 悬臂式和扶壁式挡土墙的混凝土采取现浇。应先浇底板(趾板及踵板)再浇筑立壁(或扶壁),当底板强度达到 2.5 MPa 后,应继续浇筑立壁(或扶壁),减少收缩差。接缝处的底板面上,宜做成凹凸不平的糙面,以增强黏结,并应按施工缝处理。

12.1.23 立壁混凝土及扶壁混凝土可同步进行浇筑,并应严格控制水平分层。浇筑扶壁斜面时,应从低处开始,逐层收分升高,与立壁保持相同水平分层。

12.1.24 填筑扶壁式挡土墙的墙背填料时,应防止立壁的内壁面及扶壁受撞损坏。卸料时运输机具和碾压机具应距扶壁不小于 1.5 m,小于 1.5 m 采用人工摊铺,并配以小型压实机具进行碾压。

12.1.25 桩板式挡土墙的各部尺寸、构造、桩基直径、嵌岩深度、钢筋规格、混凝土强度等级等,均应按设计要求进行施工。

12.1.26 挡土墙下的桩基如果地基土质松散,地下水位较高,开挖有困难时,宜采用钻孔灌注桩。

12.1.27 挡土板的预制可结合施工现场条件和预制板数量,采用固定胎膜法、翻转模板法、钢模板法预制。

12.1.28 挡土板内侧 1.5 m 范围内的填料,应采用人工摊铺,人工和小型压实机械分层压实,压实度应满足设计要求。挡土板每安装 1～2 层后,在板后一定范围内即可分层填料碾压,固定挡土板。桩柱之间的最下层挡土板底面应埋入原地面 5 cm～10 cm。

12.1.29 墙后的填土应优先选择透水性较强的填料,当采用黏性土作填料时,宜掺入适量的碎石,禁止采用淤泥、耕植土、膨胀土等软弱有害的岩土体作为填料。

12.1.30 墙背回填土应分层夯实,分层厚度不宜大于 0.3 m,压实度不宜小于 90%。

12.1.31 挡土墙两侧应进行封边,挡土墙墙脚宜设排水沟,排水沟宜与挡土墙基础同步施工。

12.1.32 伸缩缝、泄水孔、反滤层的设置位置、数量和质量应符合设计要求。泄水孔宜选用直径不小于 75 mm 的 PVC 管,外倾 5°,PVC 管内管头需用土工布或网状物包裹,并伸入到墙背反滤层中,反滤层的粒径与级配需达到反滤效果。

12.1.33 挡土墙外观质量检验:砌石挡土墙要求坚实牢固,勾缝平顺,无脱落现象;混凝土挡土墙表面的蜂窝麻面不得超过 0.5%,深度不超过 10 mm;挡土墙墙面直顺,线形顺适,泄水孔坡度向外,无堵塞现象,伸缩缝或沉降缝整齐垂直,上下贯通。

12.2 边坡排水

12.2.1 坡面防护工程施工过程中,应做好坡面临时排水工程,并与永久排水工程合并考虑。施工期间临时排水设施应保证施工作业面排水畅通。

12.2.2 地表排水应随坡就势，应利用自然地势条件，排水沟应处在地形低凹处，能方便地表流水的汇集及排泄。

12.2.3 对于长大边坡，其坡顶、坡脚及平台均需设置截水沟，并根据坡面水流量设置地表排水沟。地表排水沟横向间距宜为40 m～50 m，排水沟与道路边沟相连通。

12.2.4 地表排水主要有横向截水沟和纵向排水沟，截水沟宜布设在坡面防护坡顶稳定的岩土体中。截水沟的边缘距削方坡面的坡顶距离视土质而定，一般不小于2 m。

12.2.5 排水沟的砌石边壁顶面与自然地面标高应保持一致，不得高于或低于自然地面。

12.2.6 排水沟的砌石宜就近取材，其强度和尺寸应符合要求。砌石块度不小于150 mm，块石强度不小于MU30，砂浆强度M7.5～M10。

12.2.7 排水沟地基应密实，不得置于软土及松散砂土地基中，否则应进行地基处理，软土地基宜采取换填处理，松散砂土地基宜进行夯实处理。

12.2.8 排水沟平面线形应力求简洁，尽量采用直线，必须转弯时可做成圆弧形，其转弯半径不宜小于10 m。排水沟的纵向坡比不宜小于0.5%。在沟底坡降较陡的地段应设置跌水、急流槽及消能池等，必要时可设置集水井及跌水沟盖板。

12.2.9 按设计测量放线排水沟轴线，同时按排水沟截面确定开挖基槽范围，准确放出基脚大样尺寸，进行土方开挖。

12.2.10 开挖基槽时应根据岩土性质进行放坡，开挖的坡比应根据岩土性质及开挖深度确定。淤泥质土、回填土等松软土层应尽量挖除，弃土应外运至指定的地点。

12.2.11 排水沟的砌筑顺序：基底标高不同时，从低处起砌，由低处向高处搭砌。当设计无要求时，搭接长度不应小于基础扩大部分的高度。

12.2.12 排水沟砌筑时砌体的转角处和交接处应同时砌筑，当不能同时砌筑时，按规定留槎、接槎。砌缝内砂浆均匀饱满，勾缝密实。

12.2.13 排水沟砌筑片、块石应采用铺浆法，石料使用前应洗刷干净。砌筑砂浆配合比经试验确定，砂浆必须搅拌均匀，并应在初凝前用完。

12.2.14 须勾缝的砌石面在砂浆初凝后，应将灰缝抠深20 mm，清净湿润，填浆勾阴缝。当设计为抹面时，清除砌石面灰渣并洒水湿润，采用水泥砂浆抹面。

12.2.15 排水沟沟深大于1.0 m时，沟侧壁应设泄水孔，泄水孔位置宜高于沟道水位，采用内倾PVC管，并设反滤层，沟道分段位置应尽量设在沉降缝或伸缩缝处。

12.2.16 排水沟通过地表裂缝时，应用黏土或混凝土填实裂缝，也可采用钢筋混凝土底板或隔水的土工合成材料跨越裂缝。

12.2.17 截水沟应进行防渗和加固，防止水流下渗和冲刷。地质不良地段和土质松软、透水性较大或裂隙较多的岩石地段，以及沟底纵坡较大的土质截水沟及截水沟的出水口，应采取防渗加固措施防止渗漏和冲刷沟底及沟壁。

12.2.18 跌水沟与急流槽应采用浆砌圬工结构，跌水沟的台阶高度可根据地形、地质等条件确定，多级台阶的各级高度可以不同，其高度与长度之比应与原地面坡度相适应。

12.2.19 急流槽的纵坡坡比一般不宜超过1:1.5，同时与天然坡面相适应。急流槽较长时，槽底可用几个纵坡，一般是上段较陡，向下逐渐放缓。且应分段砌筑，每段不宜超过10 m，接头用防水材料填塞，密实无空隙。

12.2.20 急流槽的砌筑应使自然水流与涵洞进出口之间形成一个过渡段，基础应嵌入地面以下，其底部应砌筑抗滑平台并应设置端护墙。

12.2.21 对岩质边坡，排水孔宜优先设置于裂隙发育、渗水严重的部位。当潜在破裂面渗水严重时，排水孔宜深入至潜在破裂面内。

12.2.22 排水孔施工工序为钻孔定位、钻孔、制作排水管、安装排水管和孔口处理等。

12.2.23 排水孔成孔方法与锚索成孔相同，孔间距宜为 3 m～8 m，孔径 75 mm～150 mm，排水孔外倾 6°。

12.2.24 排水管可采用带滤管的钢管或 PVC 加强管，排水管管径略小于钻孔孔径，排水管应包花管滤层。

12.2.25 人工填土地下排水孔可采取预埋 PVC 管等方式施工，管径不宜小于 50 mm，外倾坡度宜为 6°。

12.2.26 排水工程质量检验：
——排水沟位置及沿线高程、排水沟截面尺寸、地基应符合设计要求。
——砌体原材料（片石、块石）的质量、规格和砂浆配合比、砂浆强度等应符合设计要求。砌缝内砂浆均匀饱满，勾缝密实。
——回填土与泄水孔应符合设计要求，并进行防渗处理，砌体抹面应平整直顺，不得有裂缝及空鼓现象。
——排水沟外观质量检查：沟体线条及沟底应平顺，水流通畅。沟边泄水孔通畅，沟底不得有杂物，沟壁砌体顶面不高于地面。

12.3 加筋土

12.3.1 施工工序应包括：测量放线、基槽开挖、基础浇筑、构件预制、面板安装、筋带布设、填料摊铺及压实、墙顶封闭和附属构件安装等。

12.3.2 基槽开挖前应测量定位并标出开挖线，做好地面排水，保持基槽干燥。基槽开挖过程中，应对土质情况、地下水位等进行检查，做好原始记录并绘出断面图。

12.3.3 弃土应及时外运，如需要临时堆土，或留作回填土，堆土高度及至坑边距离应按基槽深度和土的类别确定。

12.3.4 浇筑基础前，基底土质和地层情况须经过检验，确认符合设计要求后方可进行下步施工。如地基承载力不满足设计要求时，须进行地基处理。

12.3.5 加筋土挡土墙外立面可采用现浇混凝土面板、预制混凝土面板、反包土工膜袋及码砌格宾等形式，混凝土面板应光洁无破损，板缝顺直均匀。

12.3.6 筋带可采用聚丙烯土工带、钢带、钢筋带、钢筋混凝土带等，其技术性能必须满足设计要求。筋带的连接、铺设和防锈应参照 JTJ 035 有关规定执行。

12.3.7 加筋土的填料应选用易压实并有一定级配的砾类土、砂类土、粉煤灰土、灰土及其他稳定土，不得含有膨胀土、有机质土及生活垃圾等。填料粒径不宜大于填料压实厚度的 2/3，最大粒径不得大于 150 mm。

12.3.8 加筋土填料应根据筋材竖向间距进行分层摊铺和压实，碾压前应进行压实试验，确定填料分层摊铺厚度和碾压遍数。

12.3.9 加筋土面板内侧小于 1.0 m 的范围及转角等处分层摊铺和压实，优先选用透水性较强的填料，用小型压实机械由墙面板后轻压，向中间压实。当压实困难时，可用人工夯实，严禁使用大型机械碾压。

12.3.10 压实过程中应按要求取样进行压实度试验,压实度值:在面板内侧小于1.0 m的范围内不得小于90%;大于1.0 m的范围内不得小于93%。

12.4 格宾

12.4.1 格宾网由热镀锌低碳钢丝格宾(六边)形格网片组装而成,专用机械编织。双股钢丝必须三绞三圈,确保稳固性和抗拉性。钢丝材质应符合GB/T 700标准规定,热镀锌应符合GB/T 15393的规定。

12.4.2 格宾网片网孔均匀,不得扭曲变形。网孔孔径偏差应小于设计孔径的5%。网片的抗压抗剪强度等有关力学指标、耐腐蚀性应达到设计要求,钢丝的力学性能应符合GB/T 343的相关规定。

12.4.3 格宾网应由专业的厂家生产,并应有产品出厂合格证。

12.4.4 格宾填充料须坚固密实、耐风化,严禁使用风化石,填料级配良好。填充料规格和质量应符合SDJ 17的规定。非裸露部分可以适当用废混凝土碎块或营建废料作为填充料。

12.4.5 格宾施工工序包括:格宾网箱(组)及护垫组装、填充料施工、网箱封盖施工、格宾网连接、箱体植被施工。

12.4.6 按设计要求削坡并平整铺设面,坡面或基地面应平整、密实、无杂质。较差的土质地基(如流沙、淤泥等)应做地基处理后再铺设护垫。

12.4.7 在组装前需采用钳子等工具对格宾单元进行校正,校正过程中避免损坏网线表面镀层。

12.4.8 格宾网箱及护垫组装时,间隔网与网身应成90°相交,经绑扎形成长方形网箱组、网箱或护垫状。

12.4.9 绑扎线须是与网线同材质的钢丝,每一道绑扎必须是双股线并绞紧。

12.4.10 格宾网箱间隔网与网身的四处交角每间隔25 cm各绑扎一道。间隔网与网身间的相邻框线,须采用绑扎线一孔绕一圈接一孔绕二圈呈螺旋状穿孔绞绕连接。

12.4.11 网箱组间连接绑扎:相邻网箱组的上下四角各绑扎一道,上下框线或折线每间隔25 cm绑扎一道,相邻网箱组的网片结合面每平方米绑扎2处。

12.4.12 绑扎相邻边框线下角一道时,下方有网箱组时应将下方网箱一并绑扎连成一体。

12.4.13 裸露部位的网片,应在每次箱内填石1/3高后设置拉筋线,呈八字形向内拉紧固定。

12.4.14 格宾网箱内填充料的规格质量须符合设计要求。裸露的填充石料表面应以人工或机械砌垒整平,石料间应相互搭接。

12.4.15 填料施工中应控制每层投料厚度在30 cm以下,1 m高网箱分4层投料为宜。

12.4.16 均匀地向同层的各箱格内投料,严禁将单格网箱一次性投满。顶面填充石料宜适当高出网箱,且必须密实,空隙处宜以小碎石填塞。填充材料重度应达24.0 kN/m³。

12.4.17 格宾填充料时,在邻近网壁处应选择块度大于网孔尺寸的填料,以防止填料从网孔漏出,其内宜按反滤层级配充填。

12.4.18 一层网箱施工完成后,宜将网箱后填料及时填至与网箱相平,之后叠砌上一层网箱。顶部石料砌垒平整后进行网箱封盖。

12.4.19 盖板边缘与竖直面板、盖板面与隔板上边缘之间,采用与网线同材质的钢丝进行一孔绕一圈接一孔绕二圈呈螺旋状穿孔绞绕连接。箱盖封闭后,各绞合边缘应是一条直线且紧密靠拢。

12.4.20 箱体植被施工:按土壤、气候和景观要求,做好植被草种或灌木的选择,网箱封盖后,空隙处宜填满壤土,顶部填满厚约5 cm壤土。

12.4.21 格宾质量检验：
—— 格宾挡土墙的基底及其密实度，基础网箱埋置深度和轮廓线长度及宽度，均应符合设计要求。
—— 格宾挡土墙墙后填料应符合设计要求，墙后填土宜分层夯实，每层填土厚度宜控制在30 cm左右。
—— 格宾材料及填料质量应满足要求。

12.5 轻量土

12.5.1 轻量土是将轻量材料按照一定比例配制合成的人工材料，具有重度很轻的特点，强度和变形特性须达到设计要求。

12.5.2 轻量土材料可为珍珠岩发泡、陶粒土、聚苯乙烯树脂发泡等。

12.5.3 轻量土施工工序应包括：挖除原坡面土层、坡基处理、轻量土拌合、轻量土分层回填、分层压实、坡面处理等。

12.5.4 按设计要求的材料进行配比，在专用的搅拌机均匀混合。

12.5.5 材料的强度及重度应满足设计要求，强度一般为 30 kPa～1 500 kPa，重度 2 kN/m³～16 kN/m³。

12.5.6 轻量土可以通过置换、填筑等方式改善原坡体的力学性能和稳定状态，也可以结合其他坡面防护方式使用。

12.5.7 在常规的削方减荷削方后，回填轻量土，起到减荷作用，不影响原坡地的功能和利用，满足稳定性和使用性的要求。

13 施工监测

13.1 施工前应编制施工监测方案，包括施工期的安全监测、防治效果监测。施工监测应以施工安全监测为主，兼顾防治效果监测，所布网点应可供长期监测利用。

13.2 应根据坡面防护工程的等级合理布置施工监测，三级边坡可采用简易的施工监测方法。

13.3 监测对象应含坡面变形、坡体变形、地下水位和环境因素等，监测设备的选用应与选定的监测方法相适应。

13.4 施工监测应充分利用原有监测设施及监测资料，建立精密仪器与简易监测相结合，专业监测与群测群防相结合，近期治理工程效果监测与长期稳定性监测相结合的监测系统。

13.5 监测范围应能控制坡体的整体变形，兼顾局部变形与工程变形，应加强关键点位的位移监测。

13.6 监测网点确定和建设应充分考虑坡体的变形特征、稳定性及防治工程布置特点，应按监测点、监测线形成监测网，重点布设于对变形有直接影响的地段。

13.7 监测网点的布设应符合国家及行业相关规范和技术标准，应按边坡剖面布置监测点，应重点监测控制性剖面及较高陡的剖面。

13.8 变形监测网点由变形监测点和基准点两类组成，变形点布置在坡体范围内，基准点布置在坡体顶部或外围稳定岩土体上。

13.9 监测仪器的选择应满足可靠性、操作简便性、稳定性和耐久性的要求，在保证实际需要的前提下力求少而精，网点布设应便于安装、维修和观测。

13.10 变形监测主要采用大地形变监测、地面形变巡视监测等方法,特别是坡面裂缝的追踪及监测。

13.11 变形监测以地面变形监测为主,重要边坡可布设深部位移监测及地下水位监测。监测数据的采集应准确可靠,测量精度应符合规范要求。

13.12 大地形变监测主要用于监测坡体坡面位移及治理工程的位移,采用三角交会法、视准线法、GPS测量法进行边坡各监测点的水平、垂直位移监测。监测点应根据边坡变形特征及治理工程的位置等布置,组成纵、横向的监测网。在边坡的控制剖面线上宜布置不少于3个变形监测点。

13.13 变形异常时补充加密监测,做好变形动态监测曲线,及时分析和掌握坡体变形趋势。

13.14 地下水动态监测应监测坡体地下水位变化,可进行地下水孔隙水压力、扬压力、动水压力监测。

13.15 地面形变巡视监测采用线路巡查,对关键点和关键部位采用线路巡查与定时定点巡查相结合。

13.16 地面巡视监测坡面裂缝、鼓胀、滑移坍塌等坡面形变的位置、方向、规律、变形量及发生时间,泉水异常变化,建(构)筑物及防治工程破坏情况等。

13.17 对治理工程施工可能产生影响的建(构)筑物应布设监测点,监测其变形沉降及裂缝开裂情况。

13.18 施工安全监测应对坡体和坡面防护工程范围进行实时监控,确定工程施工等因素对坡体的影响,并及时指导工程实施,调整工程部署,安排施工进度等。

13.19 施工安全监测点应布置在坡体稳定性差或工程扰动大的部位,力求形成完整的剖面,采用多种手段互相验证和补充。

13.20 锚杆格构锚固体系中对锚杆和格构的应力、位移、变形进行监测。菱形格构重点监测最下部横梁、两边竖梁和斜梁下部。

13.21 雨期及临水坡体,应加强对坡脚冲刷、坡面冲蚀以及坡体稳定性的监测。

13.22 临时性的开挖施工,如开挖深度大于5 m时,应对开挖边坡变形进行监测。

13.23 施工期间,地面巡视每天不应少于2次。施工安全监测宜每天监测1次,稳定性差的边坡应加密监测。如果边坡位移变形较小,且工程扰动小,可3 d~10 d监测一次。

13.24 应及时进行监测数据的分析整理,要建立一套包括数据采集、存储、传输、数据处理和信息反馈的系统化、立体化的监测网,指导治理工程施工,并检验其防治效果。

13.25 监测结果应及时报告设计、施工及监理等相关单位,如变形异常应分析原因,立即应急预警处理。

14 环境保护和安全措施

14.1 环境保护措施

14.1.1 坡面防护施工应贯彻和落实国家和地方有关环境保护的法律、法规,自觉接受当地政府、群众和主管部门的检查监督。

14.1.2 对施工过程中的环境因素进行分析,施工组织设计中应制定环境保护措施,建立环保施工管理体系和细则,完善管理制度并认真落实。

14.1.3 坡面防护工程施工前,应标牌公示治理工程概况和环境保护责任人。对可能造成环境重大影响的施工,应进行专门论证,采取减少或避免对环境影响破坏的施工方案。

14.1.4 按照绿色施工要求,做到节地、节能、节材。临时用地在满足施工需要的前提下应节约用地,施工中保护周边植被环境,不随意乱砍、滥伐林木。

14.1.5 坡面防护工程宜采用绿化方法保持坡面美观,不宜采用非环保施工方法。应保护坡体岩土不受侵蚀流失,裸露岩土应覆盖植被。

14.1.6 临时道路、临时场地宜硬化,并保证路面平整、干净。利用当地已有道路时,采取措施尽量减少车辆抛洒物,安排专人及时清扫路面,晴天注意洒水除尘。

14.1.7 优选低噪声机械设备,合理布置施工场地,降低施工噪声对民众生活的干扰。爆破作业应安排在白天进行,尽量采用少药量、延时爆破作业方式。

14.1.8 施工作业人员应配置必要的环保装备,在喷射混凝土、潜孔锤钻进、爆破等粉尘噪声环境下应佩戴防尘口罩、防噪耳塞等。

14.1.9 弃土前应与建设单位协调好堆放地点,并办妥临时征地手续及青苗赔偿,弃土按指定地点有序堆放,必要时采取工程措施确保边坡稳定,避免弃渣流失污染环境。

14.1.10 弃土堆不宜设在沟谷中阻碍沟道、江河水域,弃土堆坡脚宜设置挡土结构。

14.1.11 生活区设垃圾池,垃圾集中堆放,并及时清运至指定垃圾场。生产生活污水排放应遵守当地环境保护部门的规定,宜经沉淀净化处理后排放。

14.1.12 坡面防护施工结束后应对施工垃圾及时清理,拆除临建设施,恢复原有生态环境。

14.1.13 坡面防护施工时发现文物,应立即停止施工,采取合理措施保护现场,同时将情况报告建设单位和当地文物管理部门。

14.1.14 施工过程中应保护施工段水域的水质,施工废水要达到有关排放标准,以避免污染附近的地表水体。

14.1.15 预防和治理因工程建设造成的水土流失,控制新增水土流失,使防治责任范围内达到GB 50434二级标准。

14.1.16 制定空气污染控制措施,尽量选取低尘工艺,安装必要的喷水及除尘装置,城镇范围的潜孔锤钻进及削坡宜喷水防尘。

14.2 安全措施

14.2.1 项目管理机构应设置安全职能部门,建立完善的安全保证体系。安全人员的配备需符合国家安全生产的相关规定。

14.2.2 在编制施工组织设计的同时,应针对工程施工的特点,认真进行危险源的查找与分析,并制定相应的安全技术管理方案。

14.2.3 施工过程中应对坡体变形进行监测,如出现变形异常应立即组织人员及设备撤离。

14.2.4 施工中采用新技术、新工艺、新设备、新材料的,应制定相应的安全技术措施。

14.2.5 施工中现场平面布置应符合安全规定及文明施工的要求,现场道路应平整密实、保持畅通。

14.2.6 施工区域周边应设置警示标识,非施工人员不得随意进入施工场地。危险地点应悬挂醒目的安全标识,现场人员均应规范佩戴安全防护用品。

14.2.7 施工现场临时用电须执行JGJ 46规定。施工爆破须遵守GB 6722规定。

14.2.8 特殊工种,如爆破工、电焊工、起重工、工程机械操作手、车辆司机等均须持证上岗。

14.2.9 坡面上下严禁同时施工,坡度大于30°的边坡,作业区上方应设置防护挡板,挡板应能拦截可能的落石冲击。

14.2.10 注浆施工作业中,要经常检查出料弯头、输料管、注浆管和管路接头等有无磨薄、击穿或松脱现象,发现缺陷应及时处理。

14.2.11 锚杆注浆时注浆罐内应保持一定数量的砂浆,以防罐体放空,砂浆喷出伤人。

14.2.12 预应力锚索张拉作业时,千斤顶前端与锚具贴密,外余部分不应有约束。张拉力的作用线应与钢绞线中心一致,不得偏扭。张拉过程中严禁拆卸管路,严禁碰、敲锚具组件。不得超张拉造成断丝伤人。

14.2.13 锚杆、格构、喷射混凝土、主动防护网等施工如需搭设脚手架,应符合 JGJ 130 的要求。脚手架支搭以前,必须制定施工方案并进行安全技术交底。

14.2.14 遇有恶劣气候(如风力五级以上,雨天气等)影响施工安全时应停止高处作业。脚手架在大风、大雨后,要进行检查,如发现倾斜下沉及松扣、崩扣要及时修理。

14.2.15 脚手架拆架前在周围用绳子或铁丝先拉好围栏,没有监护人及安全员在场,外架不准拆除。

14.2.16 脚手架安全施工平台应按设计的位置和高度安装上下两道护栏和踢脚板,且踏板叠放长度、踏板超出的端部支撑长度及平台坡度应满足规范要求。

14.2.17 削方工程施工时,坡体上下方严禁同时作业,危岩体削方爆破应制定专门的安全施工方案。

14.2.18 坡面较陡的作业区下方不能站人,施工材料坡面运输应防止滑落伤人。

14.2.19 高陡的坡体施工前应先人工清除坡面危石,清除施工应由上至下分区段进行。高陡的坡上施工人员应挂安全绳,安全绳应固定于坡顶。

14.2.20 当边坡变形过大,变形速率过快,周边出现变形开裂等险情时应暂停施工,根据险情原因选用如下应急措施:
——坡脚被动区临时压重。
——坡顶主动区卸土减载,并严格控制卸载程序。
——做好临时排水、封面处理。
——坡面防护工程临时加固。
——对险情段加强监测,并应做好坡面防护工程和边坡变形异常应急处理。
——尽快向勘查和设计等单位反馈信息,复审勘查和设计资料,按施工现状工况验算。
——必要时组织专家及相关单位进行会审。

14.2.21 开挖的边坡应保持稳定,应加强监测,防止边坡塌滑伤人。

14.2.22 边坡工程施工出现险情时,应查清原因,并结合边坡永久性坡面防护要求制定施工抢险或更改边坡工程设计方案。

14.2.23 在施工期间用火要执行有关规定,大风季节严禁使用明火,对于必要进行的明火操作(如电焊、氧焊)采取相应的隔离防护措施,用火点周围严禁堆放木材等易燃、易爆物品,避免可能造成火灾、爆炸事故。

15 质量检测与工程验收

15.1 质量检测

15.1.1 削方整形质量检测包括坡面的坡度、平整度、马道高度及宽度,回填土的压实度等。

15.1.2 削方的位置、方量、边坡坡度应满足设计要求,后缘和两侧岩土体保持稳定。弃土、弃石位置及稳定性应符合设计要求。

15.1.3 格构锚固质量检测包括混凝土、钢筋、锚杆(索)原材料及强度,锚杆抗拔试验检验。

15.1.4 混凝土检测应符合 GB 50204 的规定。

15.1.5 锚杆抗拔力的检测数量取每种类型锚杆总数的 3%,自由段位于Ⅰ、Ⅱ、Ⅲ类岩体时取总数的 1.5%,且均不得少于 5 根。

15.1.6 锚杆的长度及孔径满足设计要求,杆体及注浆体强度应符合设计要求。水泥、砂浆必须检测,砂浆试块强度应达到设计要求。

15.1.7 锚杆的试验和检测必须符合设计要求。锚杆抗拔力检测的锚头位移、锚杆弹性变形应小于设计允许值。

15.1.8 预应力锚索应检测孔位、孔径、孔深、锚固段长度、砂浆配合比及强度等,锚索抗拔力检测应符合要求。

15.1.9 砌体坡面防护石料质量、规格及砂浆所用材料的质量应符合设计要求,垫层质量符合设计要求。

15.1.10 砌体坡面防护的尺寸、位置应符合设计要求。可采用探坑和直接测量等方法检测尺寸。

15.1.11 喷锚坡面防护质量检测包括原材料质量、混凝土配比及强度,锚杆长度及布置,喷射混凝土的厚度和配筋。

15.1.12 主被动防护网质量检测包括原材料规格及质量、锚杆及钢丝绳质量、主动防护网面积。被动防护网基础、布置高程、高度、长度等。

15.1.13 植被生态坡面防护质量检测包括坡面植被覆盖率、病虫害发生率、密度、质地、色泽、成坪速度、植物品种、水分要求、根系发育情况等。

15.1.14 挡土墙地基承载力、钢筋品种与规格、混凝土强度、砌筑砂浆质量、砌块、石料强度等应符合设计要求,挡土墙外观质量达到设计要求,变形缝泄水孔设置符合要求。

15.1.15 截排水沟的位置、断面、尺寸、坡度、标高均应符合设计要求,排水孔孔位、孔径、孔深符合设计要求。

15.1.16 对截排水沟沟壁和沟底的外观质量应进行检测,排水沟的尺寸、壁厚、壁体质量应符合设计要求。

15.1.17 加筋土坡面防护质量检测包括筋带的技术性能、筋带的连接、铺设和防锈、加筋土的填料、面板强度及尺寸、加筋土压实。

15.1.18 格宾质量检测包括材料的规格和质量、网孔孔径、钢丝的力学性能及防腐、填料、格宾的铺筑及连接的检测、格宾尺寸检测等。

15.1.19 轻量土材料、强度和重度应符合设计要求,轻量土的尺寸应符合设计要求。

15.2 工程验收

15.2.1 坡面防护施工验收包括中间检验和竣工验收,检验与验收标准应符合相关地质灾害治理工程质量检验与验收规程规范的规定。

15.2.2 施工单位应在每道工序完成后进行自检,自检合格报监理工程师验收,同时做好现场验收记录,验收不合格不允许进入下道施工工序。重要的中间过程和隐蔽工程应由建设、监理、勘查和设计、施工等单位共同参加检查验收。

15.2.3 工程完工后,施工单位应对工程质量进行自检和评定,自检合格并经监理单位核定认可后,将竣工验收报告和有关资料提交建设单位。由建设单位组织专家,以及监理、勘查、设计、施工等单位对工程质量进行检查、验收和评定。验收文件须经以上各方签字认可。

15.2.4 竣工验收应具备的条件：
— 完成了坡面防护工程设计要求及合同约定的各项工程。
— 监理单位在施工单位自评质量等级的基础上，对竣工工程质量进行了检查、核定，同意验收。
— 工程质量控制资料齐全完整。
— 有关安全和功能的检验和抽样检测数量及结果符合相关规定。
— 工程竣工质量符合设计要求。
— 建设、施工、监理、设计、勘查和监测等单位工程技术档案整理齐全完整。
— 施工单位已签署并向业主单位提交了《工程质量保修书》。

15.2.5 工程竣工验收时，应提交下列资料：
— 施工管理文件：施工开工申请、开工令、施工大事记、施工日志、施工阶段例会及其他会议记录、工程质量事故处理记录及有关文件、施工总结等。
— 施工技术文件：施工组织设计及审查意见、施工安全措施、施工环保措施、专项施工方案、技术交底、图纸会审记录、设计变更申请、设计变更通知及图纸、工程定位测量及复核记录等。
— 施工物资文件：工程所用材料(包括水泥、钢材、钢材焊连接、钢绞线、砂、碎石、块石、预制块、预制构件、主被动防护网等)的出厂合格证、检测报告、使用台账、不合格项处理记录等。
— 施工试验记录文件：试验锚杆(索)、注(压)浆等检测试验报告、混凝土配比试验、砂浆配比试验、水泥浆配比试验。
— 施工记录文件：各分部、分项工程施工记录、隐蔽工程验收记录等，坡面防护治理工程质量验收记录表见附录E。
— 施工地质记录文件：各类工程及开挖等的地质编录及地质素描图、重要地质问题技术会议记录等。
— 施工检测成果：锚杆(索)抗拔检验报告、土石密实度检测结果、注(压)浆效果检测结果、混凝土试块检测报告、砂浆水泥浆试块检测报告等。
— 工程竣工测量文件：测量放线资料，工程最终测量记录及测量成果图。
— 施工质量评定文件：各分项(工序)、分部、单位工程质量检验评定表等。
— 工程监测文件：建网报告及监测网平面布置图、中间性监测(月、季、半年、年)报告、监测总结报告等。
— 工程竣工验收文件：竣工图、竣工总结报告、竣工照片集、竣工验收申请、竣工验收会议记录、工程竣工验收意见书、工程质量保修书等。
— 其他需提供的有关资料。

15.2.6 应按规定对工程管理文件和工程技术文件整理、分类、成册和归档。

15.2.7 工程验收应对工程竣工资料、工程数量和质量等进行全面检查，现场查验主要工程外观质量，填写工程质量检验评定表，按照有关标准评定工程质量等级。

15.2.8 工程质量应达到设计要求，未达到要求的不能通过验收。

15.2.9 验收意见若有整改意见时，施工单位应及时按照要求进行整改。验收合格后，由建设单位组织，施工单位向工程运行管理维护单位办理移交手续。

16 坡面防护工程维护

16.1 坡面防护工程维护应定期巡查和维护。工程区内应设置工程保护警示牌，明确保护范围及责任单位。

16.2 坡面防护工程每年应进行一次检查,每 6 a～8 a 进行一次全面维护。若发生坍滑应立即组织抢护,避免扩大破损范围,然后进行修复。

16.3 出现局部松动、塌陷、隆起、底部掏空等现象时可采用填补翻筑。临水坡体出现局部破坏掏空导致上部坡体滑动坍塌时可增设阻滑齿墙。

16.4 定期检查砌石坡面防护、挡土墙和压顶。发现裂缝、沉陷、倾斜、缺损、风化、勾缝脱落等应及时修理。

16.5 严禁在坡面防护工程管理和保护范围内进行开挖、爆破、采石、挖沙取土等危害坡面防护稳定的活动。

16.6 严禁在坡面防护工程上堆加重载,严禁向坡面倾倒垃圾,坡体不得受机械碾压或碰撞受损,不得在坡体上搭设建(构)筑物。

16.7 不得在已完工的坡面防护工程区域进行材料堆放、机械加工、夯锤撞击等作业。

16.8 植被生态坡面防护的维护应采取洒水、追施肥料、病虫害防治、清除杂草等措施。施肥可与浇水同时进行,中期靠自然降水养护,中后期遇干旱浇水应遵循"多量少次"的原则。应采用生物防治、化学防治和人工摘除等综合方法,及时预防和控制病虫害。

16.9 加强坡体变形监测和巡查,发现坡体出现裂缝、位移,应分析裂缝、位移产生的原因,及时采取防护措施。

16.10 应对格构梁混凝土发生的破损清理至密实部位,并将表面凿毛或打成沟槽,沟槽深度不宜小于 6 mm,间距不宜大于箍筋间距或 200 mm,混凝土棱角应凿除,同时应除去浮渣尘土。原有混凝土表面应冲洗干净,浇筑混凝土前,原混凝土表面刷水泥浆等界面剂进行处理。

16.11 柔性网及格栅发生破裂或撕裂,且确实存在危害性的落石,应对破损区域予以修补、重新铺挂或更换整张格栅。

16.12 单张钢丝绳网在不超过 3 个网孔的范围内有 2 根以上的断丝,影响其强度的严重扭曲现象或不超出 3 点以上的断绳现象,可用相同规格的钢丝绳段按交叉或环绕方式予以修补,当损伤现象超过了上述程度,可更换该钢丝绳网。

16.13 排水沟沟壁破损后应进行修复,及时清理落入沟内的障碍物,保持水流畅通。

16.14 应定期检查排水沟直线段、转弯处、变坡点的断面状况,发现损坏应用砖石砌筑修复。

16.15 如坡体出现变形,应实测变形量,分析变形原因,由原设计单位提出处理方案,经论证后实施。

16.16 测量基准点应予保留并做出标记。监测设施如监测墩、地下水长观孔、深部测斜管等,应长期保护。

附 录 A
（规范性附录）
坡面防护工程施工工艺流程

图 A.1～图 A.3 给出了格构锚固、砌体、喷锚坡面防护的施工工艺流程。

A.1 格构锚固坡面防护施工工艺流程

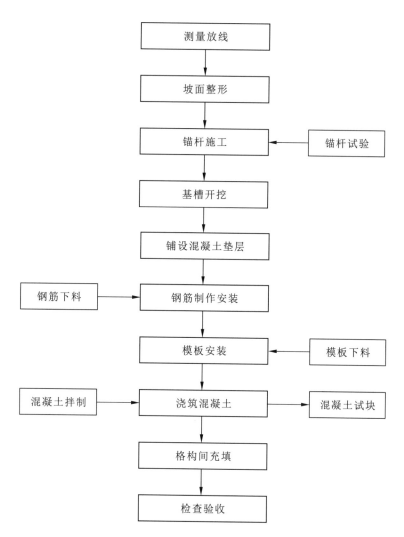

图 A.1 格构锚固坡面防护施工工艺流程

A.2 砌体坡面防护施工工艺流程

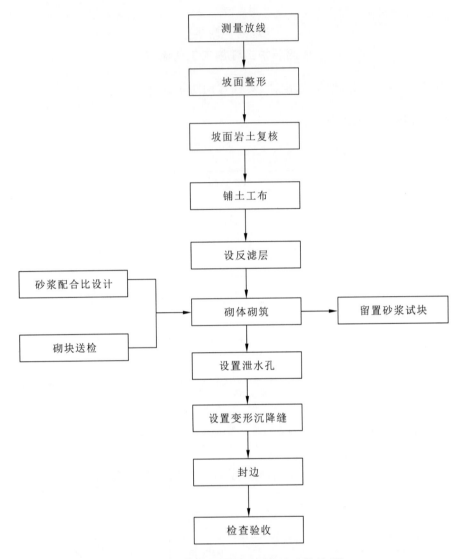

图 A.2 砌体坡面防护施工工艺流程

A.3 喷锚坡面防护施工工艺流程

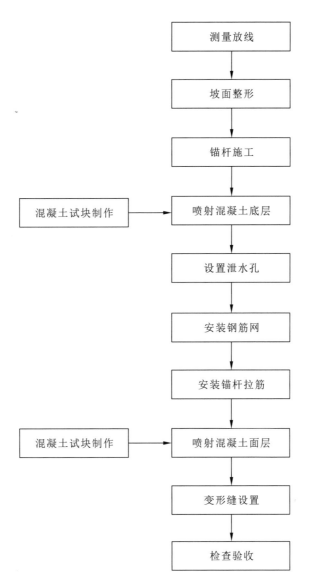

图 A.3 喷锚坡面防护施工工艺流程

附 录 B
（资料性附录）
主要坡面防护形式大样图

B.1 格构坡面布置图

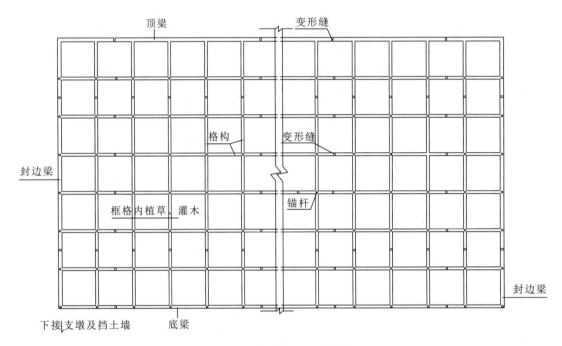

图 B.1 格构坡面布置图

B.2 预制砌块砌筑大样图

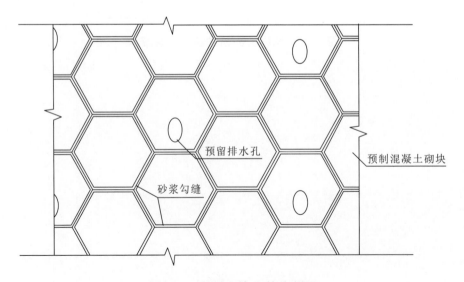

图 B.2 预制砌块砌筑大样图

B.3 喷锚支护大样图

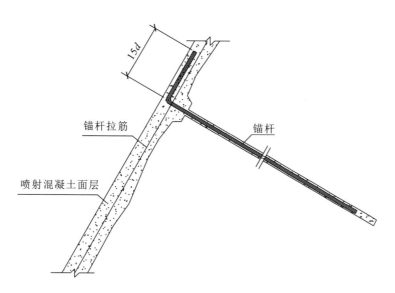

图 B.3 喷锚支护大样图

B.4 主动、被动防护网的大样图

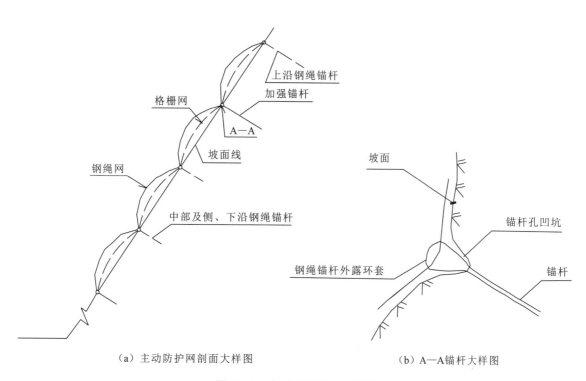

（a）主动防护网剖面大样图　　　　（b）A—A锚杆大样图

图 B.4 主动防护网大样图

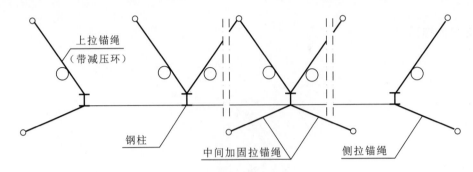

(a)被动防护网平面图

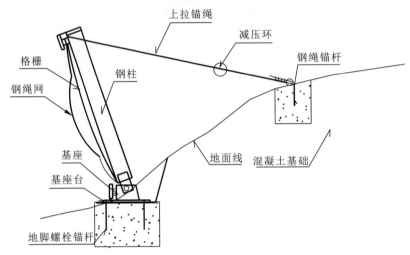

(b)被动防护网横断面图

图 B.5 被动防护网大样图

T/CAGHP 028—2018

附 录 C
（规范性附录）
施工记录表

C.1 格构梁钢筋绑扎施工记录表

表 C.1 格构梁钢筋绑扎施工记录表

工程名称：
施工单位：　　　　　　　　　　　合同号 No：

编号	剖面号	底筋			面筋			腰筋			箍筋	
		直径/mm	数量/根	连接方式	直径/mm	数量/根	连接方式	直径/mm	数量/根	连接方式	直径/mm	间距/mm

记录：　　　　　　　施工负责人：　　　　　　　日期：

C.2 格构梁混凝土施工记录表

表 C.2 格构梁混凝土施工记录表

工程名称：
施工单位：　　　　　　　　　　　合同号 No：

编号	剖面号	断面尺寸			混凝土					模板				
											侧模		顶模	
		长/mm	宽/mm	高/mm	来源	强度等级	配合比	塌落度	振捣方式	材质	高/mm	埋土深/mm	保护层/mm	宽/mm	保护层/mm

记录：　　　　　　　施工负责人：　　　　　　　日期：

45

C.3 砌体坡面防护施工记录表

表 C.3 砌体坡面防护施工记录表

工程名称：
施工单位：　　　　　　　　　　　　　合同号 No：

块段编号	尺寸		砌体			反滤层		泄水孔			伸缩缝		
	长/m	宽/m	材质	厚度/mm	砌筑方式	材质	厚度/mm	规格	材质	排布形式	宽/mm	条数	充填材料

记录：　　　　　　　　施工负责人：　　　　　　　　日期：

C.4 喷锚坡面防护施工记录表

表 C.4 喷锚坡面防护施工记录表

工程名称：
施工单位：　　　　　　　　　　　　　合同号 No：

块段编号	尺寸		面层混凝土		网筋		锚杆拉筋		泄水孔			伸缩缝		
	长/m	宽/m	厚度/mm	强度等级	直径/mm	间距/mm	直径/mm	间距/mm	规格	材质	排布形式	宽/mm	条数	充填材料

记录：　　　　　　　　施工负责人：　　　　　　　　日期：

C.5 锚杆钻孔安装施工记录表

表 C.5 锚杆钻孔安装施工记录表

工程名称：
施工单位：　　　　　　　　　　　　　合同号 No：

分部工程名称			分项工程名称		
锚杆种类			锚杆长度/m		
设计孔深/m			钻孔直径/mm		
编号	施工时间	钻孔深度/m	锚杆长度/m	锚杆直径/mm	钢筋连接

记录：　　　　　　　　施工负责人：　　　　　　　　日期：

C.6 锚索钻孔施工记录表

表 C.6 锚索钻孔施工记录表

工程名称：
施工单位：　　　　　　　　　　　　　　　　　　　　　　　合同号 No：

锚孔编号			吨位/kN		类型	
项目	单位	设计值		实测值	误差值	评价
孔口桩号						
孔口高程	m					
孔径	mm					
方位角	°					
倾角	°					
孔深	m					
终孔孔斜	%					
	m					
清孔	清洁					

记录：　　　　　　　　　施工负责人：　　　　　　　　　日期：

C.7 锚杆锚索注浆施工记录表

表 C.7 锚杆锚索注浆施工记录表

工程名称：
施工单位：　　　　　　　　　　　　　　　　　　　　　　　合同号 No：

单位工程名称		分部工程名称		分项工程名称	
配合比	水泥：砂：水		设计孔深/m		
锚孔编号	注浆时间	钻孔深度/m	注浆压力/MPa	注浆量/L	注浆情况

记录：　　　　　　　　　施工负责人：　　　　　　　　　日期：

附 录 D
（资料性附录）
植被坡面防护质量检验评定表

D.1 基材混合物的检验指标及评定

表 D.1 基材混合物的检验指标及评定

检验指标（P_1）	工程质量（评分）			权重（X_1）	评定方法
	＜60	60～80	＞80		
抗侵蚀性	有明显沟蚀	有少量沟蚀	无流失	0.15	现场观测
收缩恢复性	有大量裂缝	有少量裂缝	无裂缝	0.20	
稳定性	剥离严重	有少量剥离	无剥离	0.20	
喷播厚度/设计厚度	＜90%	90%～95%	＞95%	0.15	按 100m² 边坡随机取 20 个点试测，取其平均值
团粒化度	＜50%	50%～70%	＞70%	0.10	GB 7874
有效持水量	＜30%	30%～40%	＞40%	0.10	GB 7835
pH 值	＜6.0 或 7.5	6.0～6.5 或 7.0～7.5	6.5～7.0	0.10	GB 7859
等级分类	优良（$W_1 \geq 80$）		合格（$60 \leq W_1 < 80$）	不合格（$W_1 < 60$）	

评定意见	施工单位	签字：　　　　　　　　　　　　年　月　日
	监理单位	签字：　　　　　　　　　　　　年　月　日
	建设单位	签字：　　　　　　　　　　　　年　月　日

D.2 坡面植被性状的检验指标及评定

表 D.2 坡面植被性状的检验指标及评定

检验指标(P_2)	工程质量（评分）			权重(X_2)	评定方法
	<60	60～80	>80		
植被覆盖率	<80%	80%～95%	>95%	0.20	每1 000 m² 边坡随机抽取10个 1 m×1 m 的面积测试,取其平均值
病虫害发生率	>30%	20%～30%	<20%	0.10	
密度/(株/cm²)	<1 或>7	1～3 或 5～7	3～5	0.10	
质地/cm	>0.5	0.2～0.5	<0.2	0.05	
色泽	枯黄	浅绿或灰绿	蓝绿	0.05	
叶片抗拉力	极易断裂	易断裂	难断裂	0.05	
成坪速度/d	>60	40～60	<40	0.05	
植物品种	品种单一,仅有零星花、小灌木点缀	品种较多,有花和灌木零散分布	品种多样化,花、小灌木数量适中,分布均匀	0.20	现场观测
水分要求	降雨无法满足植被成活需求	降雨基本能满足植被生长	仅靠降雨,且旱季生长良好	0.20	
等级分类	优良($W_2 \geq 80$)	合格($60 \leq W_2 < 80$)		不合格($W_2 < 60$)	

评定意见	施工单位	签字： 年 月 日
	监理单位	签字： 年 月 日
	建设单位	签字： 年 月 日

D.3 植被坡面防护生态工程终检验收单

表 D.3 植被坡面防护生态工程终检验收单

工程名称		防护面积		工程地址		
开工日期		竣工日期				
初验日期		终验日期		计算方式	加权平均 $W=\sum P\times X$	
检验指标(P_3)		工程质量(评分)			权重(X)	评定方法
		<60	60~80	>80		
基材混合物	抗侵蚀性	有明显沟蚀	有少量沟蚀	无流失	0.05	现场观测
	收缩恢复性	有大量裂缝	有少量裂缝	无裂缝	0.10	
	稳定性	剥离严重	有少量剥离	无剥离	0.10	
	团粒化度	<50%	50%~70%	>70%	0.10	GB 7874
	有效持水量	<30%	30%~40%	>40%	0.10	GB 7835
	pH值	<6.0 或 7.5	6.0~6.5 或 7.0~7.5	6.5~7.0	0.10	GB 7859
坡面植被	植被覆盖率	<80%	80%~95%	>95%	0.10	每 1 000m² 边坡随机抽取 10 个 1m×1m 的面积测试,取其平均值
	病虫害发生率	>30%	20%~30%	<20%	0.10	
	质地/cm	>0.5	0.2~0.5	<0.2	0.025	
	色泽	枯黄	浅绿或灰绿	蓝绿	0.025	
	叶片抗拉力	极易断裂	易断裂	难断裂	0.025	
	青绿期/d	<200	200~280	>280	0.05	现场观测
	植物品种	品种单一,仅有零星花、小灌木点缀	品种较多,有花和灌木零散分布	品种多样化,花、小灌木数量适中,分布均匀	0.10	
	水分要求	降雨无法满足植被成活需求	降雨基本能满足植被生长	仅靠降雨,且旱季生长良好	0.10	
	根系状况	根系不发育	根系发育,互相缠绕,少量根系扎入岩层裂缝	根系纵横交错,大量根系扎入岩层裂缝	0.10	
等级分类	优良($W_3\geq80$)		合格($60\leq W_3<80$)		不合格($W_3<60$)	

施工单位:	监理单位:	建设单位:
签字(公章)	签字(公章)	签字(公章)

附 录 E
（规范性附录）
坡面防护工程质量验收记录表

E.1 锚杆(索)施工质量验收记录表

表E.1 锚杆(索)施工质量验收记录表

单位工程名称：　　　　　　　　　　　　　部位：　　　　　　　　　　　工程量：　　m

	检验项目									质量情况
主控项目	1. 锚杆的杆体及配件的材质、品种、规格、强度、结构必须符合设计要求									
	2. 砂浆锚固的材质、规格、配比、性能必须符合设计要求									
	3. 锚杆安装应牢固，托板紧贴壁面、不松动									
	检验项目	设计值	合格标准	检查点检查记录						
				测点部位	1	2	3	4	5	合格率
	4. 抗拔力		最低值不小于设计的90%	1						
				2						
				3						
				4						
一般项目	检验项目	设计值/mm	合格标准/mm	检查点检查记录						
				测点部位	1	2	3	4	5	合格率
	1. 间距		±100	1						
				2						
	2. 排距		±100	1						
				2						
	3. 锚杆孔的深度		0～50	1						
				2						
	4. 锚杆外露长度		不得外露	1						
				2						
				3						
施工单位检查结论	主控项目和一般项目均符合设计、规范要求 项目专业技术负责人： 　　　　　　　　　　　　年　月　日						验收结论	该分项工程质量符合设计、规范要求，工程质量合格 监理工程师（或建设单位代表）： 　　　　　　　　　年　月　日		

E.2 混凝土格构施工质量验收记录表

表 E.2 混凝土格构施工质量验收记录表

单位工程名称：　　　　　　　　　　　　部位：　　　　　　　　　　工程量：

<table>
<tr><th colspan="9">检验项目</th><th>质量情况</th></tr>
<tr><td rowspan="9">主控项目</td><td colspan="8">1. 材质、品种、规格、强度、结构必须符合设计要求</td><td></td></tr>
<tr><td rowspan="2">检验项目</td><td rowspan="2">设计值/mm</td><td rowspan="2">合格标准/mm</td><td colspan="6">检查点检查记录</td></tr>
<tr><td>测点部位</td><td>1</td><td>2</td><td>3</td><td>4</td><td>5</td><td>合格率</td></tr>
<tr><td rowspan="6">2. 格构轴线</td><td rowspan="6"></td><td rowspan="6">±30
（用经纬仪测，每长 20 m 测 3 点，且不少于 3 点）</td><td>1</td><td></td><td></td><td></td><td></td><td></td><td></td></tr>
<tr><td>2</td><td></td><td></td><td></td><td></td><td></td><td></td></tr>
<tr><td>3</td><td></td><td></td><td></td><td></td><td></td><td></td></tr>
<tr><td>4</td><td></td><td></td><td></td><td></td><td></td><td></td></tr>
<tr><td>5</td><td></td><td></td><td></td><td></td><td></td><td></td></tr>
<tr><td>6</td><td></td><td></td><td></td><td></td><td></td><td></td></tr>
<tr><td rowspan="21">一般项目</td><td rowspan="2">检验项目</td><td rowspan="2">设计值</td><td rowspan="2">合格标准</td><td colspan="6">检查点检查记录</td></tr>
<tr><td>测点部位</td><td>1</td><td>2</td><td>3</td><td>4</td><td>5</td><td>合格率</td></tr>
<tr><td rowspan="6">1. 格构断面/mm</td><td rowspan="6"></td><td rowspan="6">±10</td><td>1</td><td></td><td></td><td></td><td></td><td></td><td></td></tr>
<tr><td>2</td><td></td><td></td><td></td><td></td><td></td><td></td></tr>
<tr><td>3</td><td></td><td></td><td></td><td></td><td></td><td></td></tr>
<tr><td>4</td><td></td><td></td><td></td><td></td><td></td><td></td></tr>
<tr><td>5</td><td></td><td></td><td></td><td></td><td></td><td></td></tr>
<tr><td>6</td><td></td><td></td><td></td><td></td><td></td><td></td></tr>
<tr><td rowspan="6">2. 格构坡度/(°)</td><td rowspan="6"></td><td rowspan="6">±2</td><td>1</td><td></td><td></td><td></td><td></td><td></td><td></td></tr>
<tr><td>2</td><td></td><td></td><td></td><td></td><td></td><td></td></tr>
<tr><td>3</td><td></td><td></td><td></td><td></td><td></td><td></td></tr>
<tr><td>4</td><td></td><td></td><td></td><td></td><td></td><td></td></tr>
<tr><td>5</td><td></td><td></td><td></td><td></td><td></td><td></td></tr>
<tr><td>6</td><td></td><td></td><td></td><td></td><td></td><td></td></tr>
<tr><td rowspan="6">3. 格构表面平整度（凹凸差）/mm</td><td rowspan="6"></td><td rowspan="6">±20</td><td>1</td><td></td><td></td><td></td><td></td><td></td><td></td></tr>
<tr><td>2</td><td></td><td></td><td></td><td></td><td></td><td></td></tr>
<tr><td>3</td><td></td><td></td><td></td><td></td><td></td><td></td></tr>
<tr><td>4</td><td></td><td></td><td></td><td></td><td></td><td></td></tr>
<tr><td>5</td><td></td><td></td><td></td><td></td><td></td><td></td></tr>
<tr><td>6</td><td></td><td></td><td></td><td></td><td></td><td></td></tr>
<tr><td colspan="4">主控项目和一般项目均符合设计、规范要求</td><td colspan="5">该分项工程质量符合设计、规范要求，工程质量合格</td></tr>
<tr><td>施工单位检查结论</td><td colspan="3">项目专业技术负责人：

年　月　日</td><td>验收结论</td><td colspan="4">监理工程师（或建设单位代表）：

年　月　日</td></tr>
</table>

E.3 干砌石坡面防护施工质量验收记录表

表E.3 干砌石坡面防护施工质量验收记录表

单位工程名称				工程量	
分部工程名称				验收部位	
单元工程名称				检验日期	年 月 日
项次		项目名称	质量标准	检验结果	评定
检查项目	1	面石用料	质地坚硬无风化,单块重≥25 kg,最小边长≥20 cm		
	2	腹石砌筑	排紧填严,无淤泥杂质		
	3	面石砌筑	禁止使用小块石,不得有通缝、对缝、浮石、空洞		
	4	缝宽	无宽度在1.5 cm以上、长度在0.5 m以上的连续缝		
检测项目	1	砌石厚度	允许偏差为设计厚度的±10%	总测点数　合格点数　合格率	
	2	坡面平整度	2 m靠尺检测凹凸不超过5 cm	总测点数　合格点数　合格率	
检测情况			检测总点数　个,合格点数　个,合格率　%		
施工单位自评意见			评定结果	监理机构验收意见	验收结论
检查项目全部符合质量标准,检测项目总检测点合格率为　%			□合格		□合格
施工单位名称				监理机构名称	
初检负责人	复检负责人		终检负责人		
				核定人	

E.4 喷射混凝土施工质量验收记录表

表 E.4 喷射混凝土施工质量验收记录表

<table>
<tr><td colspan="2">工程名称</td><td colspan="4"></td><td>结构类型</td><td colspan="3"></td><td>部位</td><td colspan="2"></td></tr>
<tr><td colspan="2">施工单位</td><td colspan="4"></td><td>项目经理</td><td colspan="3"></td><td>项目技术负责人</td><td colspan="2"></td></tr>
<tr><td colspan="2">分包单位</td><td colspan="4"></td><td>分包单位负责人</td><td colspan="3"></td><td>分包项目经理</td><td colspan="2"></td></tr>
<tr><td rowspan="5">保证项目</td><td colspan="2">项目</td><td colspan="10">质量情况</td></tr>
<tr><td>1</td><td colspan="2">喷射混凝土所用的水泥、水、骨料、外加剂以及锚杆、钢筋网等,必须符合设计和施工规范要求</td><td colspan="9"></td></tr>
<tr><td>2</td><td colspan="2">喷射混凝土的配合比、原材料计量、搅拌、喷射、养护、锚杆和钢筋网安装必须符合设计要求和施工规范要求</td><td colspan="9"></td></tr>
<tr><td>3</td><td colspan="2">评定喷射混凝土强度的试块,必须按 GB 50086 的规定取样制作养护和试验</td><td colspan="9"></td></tr>
<tr><td>4</td><td colspan="2">检查锚杆质量必须做抗拔力试验</td><td colspan="9"></td></tr>
<tr><td rowspan="6">基本项目</td><td colspan="2" rowspan="2">项目</td><td colspan="10">质量情况</td><td rowspan="2">等级</td></tr>
<tr><td>1</td><td>2</td><td>3</td><td>4</td><td>5</td><td>6</td><td>7</td><td>8</td><td>9</td><td>10</td></tr>
<tr><td>1</td><td colspan="2">锚杆眼的间距和深度</td><td colspan="10"></td><td></td></tr>
<tr><td>2</td><td colspan="2">锚杆长度与设计规定值偏差</td><td colspan="10"></td><td></td></tr>
<tr><td>3</td><td colspan="2">喷射混凝土厚度</td><td colspan="10"></td><td></td></tr>
<tr><td>4</td><td colspan="2">面层质量</td><td colspan="10"></td><td></td></tr>
<tr><td rowspan="9">允许偏差项目</td><td colspan="3" rowspan="2">项目</td><td rowspan="2">允许偏差/mm</td><td colspan="10">实测偏差值</td></tr>
<tr><td>1</td><td>2</td><td>3</td><td>4</td><td>5</td><td>6</td><td>7</td><td>8</td><td>9</td><td>10</td></tr>
<tr><td rowspan="2">1</td><td rowspan="2">净断面尺寸</td><td>高度</td><td>+100,-30</td><td colspan="10"></td></tr>
<tr><td>宽度</td><td>+15,-20</td><td colspan="10"></td></tr>
<tr><td>2</td><td colspan="2">预埋管、预留孔中心线位置</td><td>5</td><td colspan="10"></td></tr>
<tr><td rowspan="2">3</td><td rowspan="2">预埋螺栓</td><td>中心线位置偏移</td><td>5</td><td colspan="10"></td></tr>
<tr><td>外露长度</td><td>+10,-5</td><td colspan="10"></td></tr>
<tr><td>4</td><td colspan="2">预留洞中心线位置偏移</td><td>15</td><td colspan="10"></td></tr>
<tr><td>5</td><td colspan="2">保护层厚度</td><td>+5,-0</td><td colspan="10"></td></tr>
<tr><td rowspan="3">检查结果</td><td colspan="3">保证项目</td><td colspan="11"></td></tr>
<tr><td colspan="3">基本项目</td><td colspan="11">检查　　项,其中优良　　项,优良率　　　%</td></tr>
<tr><td colspan="3">允许偏差项目</td><td colspan="11">实测　　项,其中合格　　项,合格率　　　%</td></tr>
<tr><td rowspan="2">检查结论</td><td colspan="7">专业技术负责人:</td><td rowspan="2">验收结论</td><td colspan="6">监理工程师:</td></tr>
<tr><td colspan="7">年　月　日</td><td colspan="6">年　月　日</td></tr>
</table>

中国地质灾害防治工程行业协会团体标准

坡面防护工程施工技术规程(试行)

T/CAGHP 028—2018

条 文 说 明

目　次

1 范围 … 59
2 规范性引用文件 … 59
3 术语和定义 … 59
4 基本规定 … 59
5 施工准备 … 60
　5.1 技术准备 … 60
　5.2 现场准备 … 60
　5.3 测量放线 … 61
6 削方整形与填坡 … 61
　6.1 一般规定 … 61
　6.2 削方整形 … 61
　6.3 填坡 … 62
7 格构锚固坡面防护 … 62
　7.1 一般规定 … 62
　7.2 锚杆 … 62
　7.3 锚索 … 62
　7.4 钢筋混凝土格构 … 64
　7.5 质量检验 … 64
8 砌体坡面防护 … 64
　8.1 一般规定 … 64
　8.2 砌石 … 65
　8.3 预制砌块 … 65
9 喷锚坡面防护 … 65
　9.1 一般规定 … 65
　9.2 锚杆及挂网 … 65
　9.3 喷射混凝土 … 65
10 柔性防护网坡面防护 … 67
　10.1 一般规定 … 67
　10.2 主动防护网 … 67
　10.3 被动防护网 … 67
11 植被生态坡面防护 … 68
　11.1 一般规定 … 68
　11.2 喷播坡面防护 … 68
　11.3 种植坡面防护 … 68
　11.4 其他生态坡面防护 … 68

11.5 质量检验	69
12 其他坡面防护	69
12.1 挡土墙	69
12.2 边坡排水	69
12.3 加筋土	69
12.4 格宾	69
13 施工监测	70
14 环境保护和安全措施	70
14.1 环境保护措施	70
14.2 安全措施	71
15 质量检测工程验收	71
15.2 工程验收	71
16 坡面防护工程维护	72

1 范围

坡面防护是边坡治理工程中经常采用的一种工程措施。本技术规程规定了坡面削方整形、格构锚固坡面防护、砌体坡面防护、喷锚坡面防护、主被动防护网、植被生态坡面防护及其他坡面防护形式施工技术及要求。

为确保坡面防护工程施工质量，做到技术可行、安全可靠、经济合理，特制定坡面防护工程施工技术规程，指导坡面防护工程施工。

2 规范性引用文件

规范性引用文件未标注年代号的，注意引用最新版本。

3 术语和定义

确立的术语和定义由主编单位自定义。

4 基本规定

4.2 本条主要是针对边坡勘查和治理工程设计成果提出的要求，坡面防护工程施工是在边坡勘查及设计基础上进行的，只有在查清边坡的地质环境条件，熟悉防治对象和防治手段的情况下，才能确保施工达到预期效果。

4.3 设计交底的目的是设计单位介绍设计意图，达到设计目的所采取的方法和手段，以及施工中的关键技术和重点注意事项，确保施工质量。图纸会审是施工单位拿到设计图纸后，主要是针对图纸质询设计单位，另外，还可指出设计单位的图纸中错漏或不符合相关规范规程的内容，要求设计单位进行纠正。因此，设计交底和图纸会审都是非常重要的开工前的技术准备工作，该项工作做得扎实，是保证施工顺利进行的前提条件。

4.4 施工组织设计是指导地质灾害坡面防护工程施工的重要技术文件，应合理可行。施工组织设计经施工单位技术负责人审核后报监理工程师审批后实施。在编制施工组织设计前要完成下列工作：

——搜集详细的勘查资料、设计资料等。

——根据坡面防护设计和坡面防护工程施工时可能存在的主要问题，确定护坡工程施工的目的、防治范围和治理后要求达到的各项技术经济指标等。

——结合工程情况，了解当地地质灾害防治经验和施工条件。

4.5 施工过程中保持坡体稳定，不得因施工造成坡体变形滑移，降低坡体的稳定性，保证人员安全。

4.6 坡面上下不应同时施工，应自上而下进行开挖。开挖截面只有一个工作面，可对剖面进行分区。

4.7 施工地质由施工单位负责，记录施工过程中的性质，以便于对地层进行对比。

4.10 雨期做好地表排水，设临时排水沟，不宜形成反坡。

4.11 冬季施工期间，用硅酸盐水泥或普通硅酸盐水泥配置的混凝土，在抗压强度达到设计强度的

40%及5 MPa前,用矿渣硅酸盐水泥配置的混凝土,在抗压强度达到设计强度的50%前,不得受冻。未采取抗冻措施的浆砌砌体,在砂浆抗压强度达到设计强度的70%前不得受冻。

4.15 在进行坡面防护施工的同时,要加强对当地居民和施工人员的防灾教育,要制定灾害发生时的应急预案,并进行演练。

5 施工准备

5.1 技术准备

5.1.2 在进行现场踏勘时,除了本条规定要求的外,还应调查边坡附近的交通及供水供电情况,当地主要地材的价格及供应情况,与之相联系的当地政府有关部门负责人和联系人。

5.1.3 在进行图纸会审之前,施工单位应充分阅读勘查和设计文件,充分理解设计意图,对每一张设计图纸必须做到清楚明白。对图纸上不清楚的、错漏的、不符合相关规范要求的,要一一记录,以便在图纸会审会上提出,由设计单位解释并修改完善。图纸会审纪要也是设计文件的一部分。

5.1.4 施工组织设计必须做到三符合:符合设计文件要求,符合施工现场实际,符合合同文件对工程质量、工期进度、安全等要求。地质灾害防治施工组织设计与一般施工组织设计的不同点主要是在安全上有其特殊性,还必须有完整的施工监测预警方案。

5.1.5～5.1.6 技术交底工作分为2个层次:设计单位向施工单位进行设计交底,第二层次为施工单位向参与施工的人员进行施工技术交底。

5.1.7 对于重要性工程,试验需按重要性等级选择试验锚杆数量,选择位置应与施工位置岩土参数相同;滚石试验主要为削方拦挡工程试验提供资料。

5.1.11 高陡边坡是指坡度大于50°,高度15 m以上的边坡。

5.2 现场准备

5.2.1 征地分永久征地和临时征地,永久征地指拟建工程实体占地,临时征地是为满足施工需要的临时占地,包括机械设备操作场地、堆料场、临时用房占地、新修临时道路占地、弃土临时占地、拟建工程周围需适当拓宽的临时占地等。永久征地是在工程完工后由建设单位负责的,但前期包括永久征地和临时征地的青苗赔偿是由施工单位承担的。临时征地是在进行初步测量圈定占地范围后进行的,参与方一般包括当地乡镇、村基层组织、占地涉及农户和施工单位等,一般执行当地政府规定的标准。

5.2.2 临时设施建设以方便施工为原则,并满足安全文明施工的要求。

5.2.3 坡面防护工程施工道路应进行硬化处理,应保证施工区材料运输、削方土外运。

5.2.4 对工艺不允许中断的施工,需备用发电机组,其功率应满足施工应急要求。另外有些客观情况不具备接外电条件的项目,也只能采用发电机组作为施工电源。

5.2.10 水泥、钢筋应搭设专门棚舍进行堆放。水泥堆放场地应远离水渍区,以免受潮造成损失,底部应设隔离层或采用垫木(板),且应坚实、平整,垛位不得超高。钢筋应当堆放整齐,用方木垫起,不宜放在潮湿场地或暴露在露天,避免受雨淋。

5.2.11 进场材料需见证取样送检,送检合格才能使用。

5.2.12 所有原材料均需进行见证取样、送检,经检验合格后方能使用。

5.2.13 成品及半成品除具备出厂合格证外,还需现场检验合格。

5.2.16 弃碴如果处理不当,会引起次生地质灾害。一般情况下,设计单位会根据实际情况设计弃砟场。但有些情况不允许在地质灾害体附近设置弃砟场,需要将弃砟运至场外较远的地方堆放,这时就要注意弃砟场的选择,是否会引起次生地质灾害的发生,必要时,还应进行弃砟场的设计。

5.2.17 高陡坡体脚手架专项方案须保证安全、稳定。一般脚手架方案可由施工单位自行制定;复杂或超过一定高度由专业单位编制。

5.3 测量放线

5.3.1 测量基准点一般由建设单位或勘查单位向施工单位移交,施工单位对移交的控制点必须用仪器进行测量复核,此条强调不少于3点,是出于判断测量数据是否闭合的需要。对于建设单位移交的控制点要办理移交手续,双方应在移交的文件上签字。

5.3.4 测量控制网的基准点应设置在地质灾害体范围外,并要求地势开阔、稳定。

5.3.5 若勘察设计图纸精度不能满足施工要求,可由施工单位对地形进行测量、编制地形图并经监理确认。

6 削方整形与填坡

6.1 一般规定

6.1.1 坡面清理内容为:破碎松动岩体和危岩体,对局部陡倾陡坡段进行适当削方及强风化层挖除,以及规定区域内的全部垃圾、杂草、树根、废渣、表土和其他有碍物,坡面清理不得有较大的突起和凹陷,尤其是清除危岩体坡面应予周围平顺连接。

6.1.2 清表范围应在削方区适当外延,除建构筑物外,还要清除树木及杂草。

6.1.5 对土石方开挖后不稳定的边坡进行无序大开挖、大爆破造成事故的工程事例太多。采用"自上而下、分阶施工、逐级开挖、逐级支护"的施工法是成功经验的总结,应根据边坡的稳定条件选择安全的开挖方案。严禁无序大开挖、大爆破作业。

6.1.6 在边坡开挖前,应在开挖边坡的上方适当距离(一般为5 m)处做好截水沟,土方工程施工期间应修建临时排水沟。临时排水设施与永久排水设施相结合,流水不得排于农田、耕地,污染自然水源,也不得引起淤积和冲刷。

6.1.9 雨季一般不宜削方与回填施工,雨季施工应采取措施,以防雨水下渗,开挖面应及时进行防护,不宜长期暴露。

6.1.11 防护工程应与削方工程保持同步。

6.2 削方整形

6.2.1 ①开挖前,根据监理人提供的基准点采用全站仪进行测量放样,布设严密的施工测量网络,在施工过程中做好现场的开挖线、坡脚线放样,在现场做好样桩标记。②开挖削坡过程中随时进行检测,测量员加强对高程的测控,减少超挖或欠挖。③在人工削坡时,加密布控网格,现场做好标识,便于施工人员施工。

6.2.4 预留保护层旨在减少机械开挖对坡面以下的岩土扰动,保护层厚度根据机械扰动程度确定。

6.2.7 采用爆破方法进行清理时,须专门对周围环境进行调查,评估爆破振动对坡体稳定性的影响和爆破飞石对周围环境的危害。爆破应符合《爆破安全规程》(GB 6722)中相关要求。

6.2.8 爆破后应及时检查爆破效果,根据爆破效果和爆破监测成果及时修改爆破设计参数。

6.2.11 及时进行现场检查工作,若发现不合格的地方随时进行纠正,直至满足质量要求。

6.2.12 开挖过程中,应保持坡面稳定,岩层顺向坡开挖应采取适当措施防止顺层滑移。

6.2.13 清除坡面松散的岩土体,主要清理破碎松动岩体、危岩体和松散土。植被清理的范围为距监理人批准的施工详图所示最大开挖边界或建筑物基础外侧10 m的水平距离。场地清理中的植被或其他物资完全按招标文件或监理人的指定方法处理。

6.2.15 拦挡工程可采用单一形式也可采用多种形式组合的方式,目的在于保护开挖区以下建构筑物。

6.3 填坡

6.3.1 遇到填方应首先清理好基面,清除表面草根、树根、杂质、杂草等,再用指定的土料填筑。水平方向夯实,不应在斜坡面上下夯打。

6.3.2 坡面回填不宜采用松土,如若采用应压实或夯实,压实度及夯实度应符合设计要求。

6.3.4 压实度要求不小于92%,路面结构下2.5 m范围内压实度要求不小于94%。

6.3.7 临近坡面带的回填土应能够排出坡体内的地下水,否则地下水易形成压力,影响坡体稳定。对渗透性较差的土层应设置人工排水层。

7 格构锚固坡面防护

7.1 一般规定

7.1.2 格构施工可分区分段,不同区段可进行锚杆、格构的流水施工。

7.1.3 在防护工程前沿,可规划为道路、广场或其他建设用地,在坡面防护工程体内,可预留管网通道。

7.1.4 锚杆作用一方面为固定格构体,另一方面为稳定坡体,锚杆的锚固段应处于稳定的岩土体中。

7.2 锚杆

7.2.2 对于承载力低、起构造作用<5 m的锚杆,采用先注浆后成孔的方法施工。

7.2.5 坡体上的轻型钻机稳定性、安全性、可靠性好。

7.2.8 在锚杆制作上,一般首先按要求的长度切割钢筋,并在外露端加工成螺纹以便安放螺母,然后在杆体上每隔2 m～3 m安放隔离件(支架)以使杆体在孔中居中,最后对杆体按要求进行防腐处理。

7.2.10 对于可能存在的腐蚀性环境或水下锚杆,宜采用塑料定位环。

7.2.13～7.2.15 注浆作业应连续紧凑,边注边提注浆管,保证注浆管管头插入浆液液面下大于1 m,严禁将注浆管拔出浆液面,以免出现断锚。实际注浆量不得少于设计锚孔的理论计算量,即注浆充盈系数不得小于1.0。

7.2.16 松散土层及裂隙发育的岩土层,采用二次压浆可有效提高锚杆抗拔力。二次压浆应在一次注浆初凝后进行。

7.2.21 锚杆长度较短的岩石锚杆,成孔后孔内干净无渣,可先注浆后下锚。

7.3 锚索

7.3.4 由于坡体岩土层结构较为复杂,为了得到设计要求的锚固段长度,实际孔深往往与设计孔深不一致,因此,锚索体的长度和锚固段的长度要结合实际钻孔深度确定。锚索孔深要保证张拉段穿过滑带或不稳定岩体中不利的外倾结构面或软弱结构面1 m～2 m。锚索体的总长度还要考虑锚墩长度和张拉长度。

7.3.5 荷载分散型锚索在锚固段抗拔力分布较均匀,能够更有效地发挥锚固段的作用,荷载分散型锚杆宜采用3个荷载分散单元。

7.3.6 压力分散型锚索适用于硬质岩层,在腐蚀环境下可起到双层防腐的效果。

7.3.11 浆液配合比直接影响浆体的强度、密实性和注浆作业的顺利进行。浆液应用搅拌机拌匀,采用高速搅拌机制浆,能使浆液的流动性提高,增加其均匀性和可灌性。注浆时应边搅拌边灌注,直至注浆结束方可停止。

7.3.13 注浆泵选用的基本原则:

——用于预应力锚索孔道注浆的注浆泵主要有活塞式和螺杆式。活塞式往复泵适用于纯水泥浆的灌注。螺杆式灌浆泵的最大特点是给浆均匀,压力稳定,既可注纯水泥浆,又能注水泥砂浆。当注浆压力要求不高时,也可使用挤压泵注浆。

——由于预应力锚索注浆管路铺设受地形条件影响较大,注浆压力沿程损失的因素多,因此,要求实际注浆压力应大于最大设计注浆压力的1.5倍,并保持相对稳定,其压力波动范围应小于设计注浆压力的20%。

——注浆时较小的泵量有利于注浆操作和浆量的控制。

7.3.14 注浆时应注意事项:

——注浆压力须满足设计要求。当锚固段、自由段分开注浆,并对锚固段有较高的注浆压力要求时,须在锚固段设置止浆环,然后压力注浆。若锚索采用无黏结钢绞线编制,也可一次将孔道浆液注满,在孔口进行封堵,摒压注浆。锚固段灌浆时,应对排水、出浆情况进行认真观察,随时测试排浆浆液的比重,当排出浆液比重与进浆的比重相同时即可进行屏浆。为使孔道内浆体密实,屏浆压力应高于正常注浆压力,并适当延长屏浆时间,一般屏浆压力为0.5 MPa～0.7 MPa,屏浆时间20 min～30 min。

——注浆时,自孔底向上逐渐注浆。注浆管宜埋入浆液内2 m～5 m,埋入浆液内太深,将增加拔出注浆管的难度。

——注浆工作在5℃以下进行时,应采取防冻或保温措施。

7.3.15 在松散土层中及破碎岩层中进行二次高压劈裂注浆,能有效提高锚固力和改善围岩土体的性状,由于需要劈裂一次注浆体,因此间隔时间在24 h内。二次高压注浆采用水泥浆和较大的水灰比,能提高浆液的流动性和渗透性。

7.3.19 采取超张拉预应力松弛损失小。锚索正式张拉前,取设计拉力的10%～20%逐根进行预张拉1～2次。张拉可按设计拉力的0.50、0.75、1.00、1.05或1.10进行分级,各级拉力下稳定观测时间一般为5 min。当锚索张拉到设计控制应力后,最终的稳压时间应视被锚固介质的特性而定,土锚的最终稳压时间比岩锚的最终稳压时间要长些,一般为10 min～15 min。

7.3.20 荷载分散型锚索为多级单元锚固段型式,由于锚索体各级单元钢绞线长度有较大差异,在进行整体张拉时,会导致锚索体各单元荷载的不均匀分布。目前,对荷载分散型锚索施加预应力的张拉方法有各单元整体张拉、单元等荷张拉后再整体张拉、先单元异荷张拉后整体张拉和单元分级循环张拉等方法。

7.3.21 高陡岩体上张拉设备采用单根张拉单根锁定,锁定荷载应超过一般荷载,最后与锚索设计抗拔力一致。

7.3.22 锁定荷载应满足设计要求,并与面板结构位移要求对应。

7.3.23 若要求进行二次或多次张拉,锚头处的钢绞线应暂不切除。外锚头的处理:
——钢绞线的外留长度,自锚具量起 10 cm。截除多余钢绞线,必须用冷切法。
——当锚索在工作期间需要补偿张拉时,锚头部分须使用可拆除式的防护罩防护,罩内充填防腐油脂。当锚索不需要补偿张拉时,锚头部分可使用混凝土防护,混凝土保护层厚度应不小于 10 cm。
——外锚头防护采用混凝土时,锚墩(板)混凝土表面应凿毛、冲洗。浇筑前须将锚板、预留的预应力钢绞线洗刷干净。混凝土浇筑完毕后应进行 7 d~14 d 的养护。

7.4 钢筋混凝土格构

7.4.2 格构应置于密实、固结的岩土层中,松散的土体应进行换填处理。

7.4.3 格构应嵌固于坡体内,以满足格构稳定性要求。

7.4.10 格构处于斜坡之上,格构混凝土施工时应保证浇筑密实,宜根据不同坡度采取不同的施工工艺,坡体较陡时,需设置梁顶模板,采用低坍落度混凝土。

7.4.13 可采用混凝土支墩,也可采用浆砌石支墩。

7.4.14 锚杆的锚固体嵌在格构梁内,能保证格构梁锚杆紧密连接,起到防腐效果。

7.4.15 锚杆与梁的连接应保证锚杆拉力有效传递给格构梁,锚杆受力时,锚杆锚头不会被拉脱。

7.4.16 锚杆抗拔力大时,应采用焊接钢板或钢筋连接。

7.4.18 预应力格构梁由工厂制作成型、现场张拉锁定、施工环保、工序简单。

7.4.22 格构锚固护坡技术应与美化环境相结合,利用框格进行坡面防护,并在框格之间种植花草达到美化环境的目的。

7.5 质量检验

7.5.1 锚杆轴线与水平面的夹角小于10°后,锚杆外端灌浆饱满度难以保证,因此建议夹角一般不小于10°。由于锚杆水平抗拉力等于锚杆抗拔力与锚杆倾角余弦值的乘积,锚杆倾角过大时锚杆有效水平拉力下降过多,同时将对格构梁作用较大的垂直分力,该垂直分力在格构梁基础设计时不能忽略,同时对施工期锚杆格构梁的竖向稳定不利,因此锚杆倾角宜为10°~20°。

7.5.2 钻孔注浆的饱满程度,是确保锚杆安装质量的关键。规定注浆管插至距孔底 100 mm,并随着浆液的注入缓慢匀速拔出,就是为了避免拔管过快而造成孔内浆液脱节,保证锚杆全长为足够饱满的浆液所握裹。

7.5.3~7.5.4 锚杆基本试验是用来确定锚杆是否有足够的承载力,并检验锚杆的设计和施工方法能否满足施工要求。根据基本试验结果,必要时,应修改设计参数和施工方案。这包括增加锚杆数量,调整锚杆设计参数,修改锚杆施工方法等。

8 砌体坡面防护

8.1 一般规定

8.1.2 砌体坡面防护有多种形式,包括满砌石、格构砌体及开天窗砌石坡面防护等。

8.1.6 砌石坡面防护的坡体较缓,坡体必须保持稳定,不得产生滑移及潜蚀等变形破坏。

8.1.11 特别是多雨地区或地下水发育地段,边坡防护工程施工应采取有效截、排水措施。

8.2 砌石

8.2.1 砌石石料应选用材质坚实、新鲜，无风化剥落层或裂纹，石材表面无污垢、水锈等杂质，砌筑前应清洗干净。块石应大致方正，上下面大致平整，无尖角，石料的尖锐边角应凿去。

8.2.5 砂浆应饱满，石块间较大的空隙应先填塞砂浆，后用碎块石或片石嵌实，不得采用先摆碎石块后填砂浆或干填石块的施工方法，石块间不应相互接触。砌筑时砌石体转角处和交接处应同时砌筑，对不同时砌筑的面，必须留置临时间断处，并应砌成斜槎。

8.2.7 勾缝砂浆应采用细砂，灰砂比应控制在1∶1～1∶2之间。清缝在料石砌筑24 h后进行，缝宽不小于砌缝宽度，缝深部小于缝宽的2倍。勾缝前必须将槽缝冲洗干净，不得残留灰渣和积水，并保持缝面湿润。养护期间也应经常洒水，使砌体保持湿润，避免碰撞和振动。

8.2.14 干砌石厚度一般为：单层0.15 m～0.25 m，双层的上层为0.25 m～0.35 m，下层为0.15 m～0.25 m。石料为未经风化的坚硬岩石，其重度一般不应小于20 kN/m³。

8.3 预制砌块

8.3.1 砌块强度应满足设计要求。

8.3.10 混凝土砌块平面尺寸较小，一般多为几十厘米，厚度在100 mm～300 mm之间。

8.3.12 砌块的砌筑形状可有多种，其拼图应美观。

8.3.13 根据情况，砌缝较大时勾凸缝，砌缝较小时勾平缝。

8.3.14 同一砌筑层内，相邻石块应错缝砌筑，上下相邻砌筑的石块，也应错缝搭接，避免竖向通缝。必要时，可每隔一定距离立置丁石。

9 喷锚坡面防护

9.1 一般规定

9.1.2 喷锚有素喷、锚喷、挂网喷3种形式，应根据不同形式选择施工工艺。

9.1.3 应对喷锚的坡面松散岩土进行清除。

9.2 锚杆及挂网

9.2.3 锚杆注浆体嵌入混凝土面层，能起到保护锚杆防腐的作用。

9.2.4 网筋可采用现场布筋，也可采用成型网筋。采用网筋时，网筋搭接应满足要求。

9.2.5 钢筋网的保护层厚度不宜小于50 mm。网筋的位置既要考虑钢筋受力模式，也要考虑保护层厚度。

9.2.7 锚杆拉筋及网筋应形成层次，拉筋布置在网筋之上，锚头钢筋在拉筋之上。

9.2.8 按照图纸要求编扎钢筋网，保证钢筋网眼和直径均符合要求，钢筋接头宜用焊接，由于编网是随开挖分层进行，因此，上、下层的竖向钢筋须用焊接接头，以保证钢筋网的受力整体性。

锚杆头是与竖向、水平加强筋和钢筋网连接的关键部位，与加强筋采用焊接连接。从坡面由里向外的顺序是：钢筋网→竖向加强筋→水平加强筋→锚杆头锁定筋。

9.3 喷射混凝土

9.3.2 喷层厚度是评价喷射混凝土支护工程质量的主要项目之一。实际工程中，往往发生因喷层过薄而引起混凝土开裂、离鼓和剥落现象。因此，施工中必须控制好喷层厚度。一般可利用外露于洞壁的锚杆尾端，或埋设标桩等方法来控制喷射混凝土厚度，也可在施工中用插杆子的办法随时检查喷层厚度。喷射混凝土应根据设计配合比施喷，当采用两次施喷时，第一次喷射厚度以不完全覆盖钢筋网为宜（以便第二次施喷时有部分钢筋网与第二层喷射混凝土层连接），第二次施喷的时间，是在加强钢筋和锚杆头焊接完成后进行。作业面的喷射顺序应是自下而上，即从开挖层底部开始向上施喷，这样可防止喷射混凝土自重悬吊于上层锚杆，增加上一层锚杆荷载，尤其是当上层锚杆注浆和喷射混凝土尚未达到一定强度时，要尽量避免喷射混凝土自上而下的喷射操作方式。

9.3.3 尽管目前国内的喷射机可使用最大粒径为 25 mm 的粗骨料，但为了减少回弹率和混合料在管路内的堵塞，故此条规定石料直径 10 mm～20 mm。

喷射混凝土宜采用普通硅酸盐水泥，是因为它含有较多的 C_3A 和 C_3S，凝结时间较快，特别是与速凝剂有良好的相容性。当地下水含有硫酸盐腐蚀介质时，可采用抗硫酸盐水泥。对混凝土有早强要求时，可采用硫铝酸盐水泥或其他早强水泥。

喷射混凝土的水灰比是在喷射作业过程中，由喷射手根据经验来控制的，主要是凭经验目测。若达到了规定中的要求，其水灰比一般在 0.4～0.45，这对保证喷射混凝土的强度和密实性是有利的。

对喷射混凝土原材料的混合料搅拌时间作出规定，是为了保证混凝土的匀质性。特别是加入速凝剂的混合料，均匀的拌合尤为重要，不然，将不仅影响喷射混凝土的速凝效果，也会使强度值有较大的离散。

9.3.5 喷射机所采用的压缩空气，一般由地面空压机站或移动式空压机供给。风压与风量均应满足喷射混凝土施工要求。风压与风量不足，物料在管内的运动速度减慢，易产生堵管，影响喷射作业的顺利进行，也会减弱冲击捣实力，造成混凝土的密实性差。在实践中，当使用移动式空压机供气时，如排风量小于 9 m³/min，则作业中会因供气不足，影响喷射作业的正常进行，因此，本条规定，空压机排风量不应小于 9 m³/min。

压风进入喷射机前应进行油水分离，以免压风中的油污进入喷射混凝土中，影响混凝土的质量。

9.3.6 喷射作业前，应用高压风、水（对遇水易泥化的岩面只能用压风）清洗受喷面（对土层受喷面，可不用清洗），是为了喷射混凝土与受喷面黏结牢固，保证喷射混凝土和地层良好的共同工作。

对于光滑岩面，必要时进行凿毛，以保证喷射混凝土与岩面的黏结强度；对于特别突出的、应力集中的岩面，应进行凿除，以保证受力均衡。

当地下水集中，就应该采用在出水点埋导水管或导水槽的方法，将水引离岩面，然后喷射混凝土。当岩面渗水量较小、导水效果不好时，应先在渗漏集中的区域，钻深度不小于 1 m 的集水孔，然后敷设由矿渣棉或无纺纤维布等材料做成的排水盲沟，将水集中后引入隧洞底板排水沟中。为了保证喷射混凝土和岩层有足够的黏结面积，盲沟最大宽度不要超过 500 mm。

9.3.13 控制桩应标识钢筋网的位置、喷射混凝土的初喷厚度与复喷厚度。

9.3.15 当喷头与受喷面垂直，喷头与受喷面的距离保持在 0.6 m～1.0 m 的情况下进行喷射作业时，粗骨料易嵌入塑性砂浆层中。喷射冲击力适宜，表现为一次喷射厚度大，回弹率低，粉尘浓度小。但是，目前不少单位对这个问题，往往不够重视，偏离了这一技术要求，从而造成了回弹率高，粉尘浓度大，恶化了作业环境。因此，本条对此特别作了规定。喷射混凝土施工中的回弹率，同喷射混凝土材料和水灰比、混合物喷射速度、喷头至受喷面的距离与角度及喷射手技术熟练程度等因素有关。而回弹率的高低对喷射混凝土质量、材料消耗、施工效率等都有重大影响。工程实践表明，只要正确地按有关规定施工和抓好全面施工质量管理，本条规定的回弹率不应大于 15% 的指标是能够达到的。

9.3.17 喷射混凝土中由于砂率较高,水泥用量较大,以及掺有速凝剂,因而,其收缩变形要比现浇混凝土大。因此,喷射混凝土施工后,应对其保持较长时间的喷水养护。本条规定了养护的时间和不需要进行养护的条件。

9.3.18 在低温下进行喷射混凝土作业,混凝土凝结时间显著延长,使一次喷射厚度减少,并使回弹率增大。同时喷射混凝土在低温下硬化,强度增长缓慢。为了保证喷射作业具有良好的工作条件,混凝土在冬季施工中的强度能够得到正常发展,本条作出了作业区和混合料的温度不应低于5℃的规定。

10 柔性防护网坡面防护

10.1 一般规定

10.1.4~10.1.6 编网用两根钢丝绳交叉联结点处的固定件采用钢质卡扣,其厚度不小于2 mm,并经电镀处理,镀锌层厚度不小于8 μm。编网用铝质接头套管,长度不小于50 mm,外径不大于30 mm,壁厚不小于3 mm,其连接能力不低于所连接钢丝绳的最小破坏拉力。交叉节点处均须用卡扣固定,接头处用铝制接头套管闭合压接,不应出现遗漏。卡扣和套管表面不应有破裂和明显损伤。

10.2 主动防护网

10.2.2 对于坡面上的浮土或浮石,若因施工活动可能引起崩塌、滚落而威胁施工安全的,宜予清除或就地临时处理。对于坡面上崩塌可能性很大的孤危石,若其崩落可能带来防护网大量维护工作,或超过防护网的防护能力,则宜进行清除或加固处理。

10.2.3 锚杆末端凹坑以套环不露出地表为准。锚杆末端凹坑必须用混凝土封闭,且只能用混凝土封闭,不得采用砂浆替代。

10.2.4 当受凿岩设备限制时,构成每根锚杆的两股钢绳可分别锚入两个孔径不小于ϕ35 mm的锚孔内,形成人字形锚杆,两股钢绳间夹角为15°~30°,以达到同样的锚固效果。

10.2.7 对直接成孔的锚杆位置,锚杆在注浆前连同注浆管一同埋设,对采用混凝土基础的地方,锚杆一般在浇筑基础混凝土的同时直接埋设。

10.2.9 主动网支撑绳和缝合绳不应预先切断,须根据总长度现场配置。为确保支撑绳张拉后尽可能紧贴地表,安装纵横向支撑绳后采用紧线器或手拉葫芦张拉,拉近后两端各用2~4个U形卡扣与锚杆外露套环固定连接。

10.2.10 有条件时本工序可在前一工序前完成,即将格栅网置于支撑绳之下。

10.3 被动防护网

10.3.1 其中钢柱件钢材应符合《碳素结构钢》(GB/T 700—2006)的规定,并应进行防腐处理。

10.3.2 拉锚绳应在一端用相应规格的绳卡或铝合金紧固套管固定并制作挂环。

10.3.4 施工前,必须按照设计要求并结合现场实际地形对钢柱基础、上拉、侧拉、下拉及中间加固锚杆基础定位点进行精确测量定位,现场放线长度应比设计系统长度增加3%~8%,对地形起伏较大,系统布置难,沿同一等高线呈直线布置时取上限(8%);对地形较平整规则,系统布置能基本上在同一等高线,沿直线布置时取下限(3%);在此基础上,柱间距可有为设计间距20%的缩短或加宽调整范围。

10.3.5 根据所处地层不同,当所处地层为岩石且不易开挖基础时,宜采用直接钻凿锚杆,其地角螺栓锚杆锚固长度根据岩石的破碎程度确定;当地层为土质地层或岩石呈碎块状且可开挖基础时,宜采用混凝土基础。如因地形限制,难以满足要求时,钢柱基础可由混凝土改为钢筋混凝土;土质与岩石混合地层可采用复合锚固,当基础所处地层为厚度小于混凝土基础深度的覆盖层时,覆盖层部分用混凝土置换,下部直接钻凿锚杆孔,形成复合基础。

11 植被生态坡面防护

11.1 一般规定

11.1.1 植被坡面防护分为种草和种灌木,可用的植物种类较多,主要有草本植物、灌木、藤本植物及乔木等,是最为环保的防护方法之一,在条件允许时宜采用这种坡面防护方式。

11.1.3 对于边坡绿化防护用植物的选择,需综合考虑边坡坡度,边坡土壤理化性质、土壤结构和土壤厚度,当地降雨量和气温,以及种植目的等。

11.1.8 物种的播种一般分为春播、夏播和秋播。理想的最适宜的播种期是在温度和湿度条件最好的时候之前和最适宜生长季节之前进行播种,待不利环境到来时,幼苗已能正常生长。同时确定播种期也要考虑物种幼苗与杂草生长竞争的程度。

11.2 喷播坡面防护

11.2.8 按配合比制备各组分材料,利用搅拌机充分搅拌后待用。表层基材搅拌时应加入按设计要求的植物种子(采取外来先锋草和本地物种相结合,草、灌、藤合理搭配原则选择混合植物种子,可由专业施工方与业主或设计方协商选定)。

11.2.12 采用无纺布对刚喷播完毕的边坡进行覆盖。覆盖物应铺设牢固,同坡面接触紧密,防止风吹而发生脱落现象。覆盖目的如下:
——减少边坡表面水分蒸发,给种子发芽和生长提供一个较湿润的小生态环境。
——缓冲坡面温度,减少边坡表面温度波动,保护已萌发种子和幼苗免遭温度变化过大而受伤害。
——减缓浇灌水滴的冲击能量,防止面层因水量过大而淋失。

11.2.13 前期养护30 d~60 d,以浇灌为主。中期靠自然雨水养护,每月喷水2次,并追肥。在6个月养护中,应注意病虫害的防治。

11.3 种植坡面防护

11.3.1 清除坡面浮石、浮根,尽可能平整坡面,坡面清理应有利于基材混合物和岩石坡面的自然结合,禁止出现反坡。

11.3.4 种植土一般应选择工程场地原有地表种植土,并粉碎风干过8 mm筛。其主要作用:减少喷射坡面的基材混合物的空隙;同绿化基材共同促进喷射混合物团粒结构的形成。

11.4 其他生态坡面防护

11.4.2 格室与格室之间必须完全连接,以形成片,连成一个整体。

11.4.4 格室张拉开并铆紧后,用适合种植草皮或草籽的优质泥土由上往下填充格室空间,填充上应以格室高度的1.2倍为佳,并拍打结实,及时种上植被。

11.4.6~11.4.8 植生袋是草坪植生带和绿网袋的有机结合体。植生袋绿化,是荒山、矿山修复、高速公路边坡绿化中重要的施工方法之一。植生袋共分5层,最外及最内层为尼龙纤维网,次外层为加厚的无纺布,中层为植物种子、有机基质、保水剂、长效肥等混合料,次内层为能在短期内自动分解的无纺棉纤维布。植生袋制作的关键是草种植物配比。

11.5 质量检验

11.5.3 施工所用材料,包括种植土、保水剂、混合植绿物种子、黏结剂、腐殖质、锚钉、网片、水泥砂浆、酸碱调节剂、水等均应在施工前由质检人员以相应的检验方法和标准按其规格、品种、数量分批进行验收。

12 其他坡面防护

12.1 挡土墙

12.1.3 挡土墙地基必须保证稳定,即挡土墙地基不处于滑移区,也不处在变形区。

12.1.7 基槽遭受水浸泡,会降低基槽的地基承载力,挡土墙会产生不均匀沉降,墙身会产生裂缝,影响结构安全。

12.1.8 开挖或加固后的挡土墙地基应由监理单位组织业主、勘查、设计等单位共同验槽。验槽达到设计要求后方可进行挡土墙的砌筑。

12.2 边坡排水

12.2.3 坡体纵向排水沟的间距宜为 40 m～50 m,排水沟与公路边沟相连通,使路面积水顺边沟流入排水道进入公路边缘,以免路面积水,防止冲刷格室坡面防护。

12.2.8 高陡边坡或岩土稳定性欠佳边坡的排水工程应采取分级截流,纵横结合排水的方法来进行处理。坡顶以外的地表水从截水沟排走;分级边坡每个台阶设一截水沟排水;坡脚设边沟排水。高陡边坡应根据地形和坡面大小,隔一定距离设一垂直路线的排水沟,使水尽快排出边坡。

12.2.11～12.2.12 砌石块度不小于 150 mm,块石强度不小于 MU30,砂浆强度 M7.5～M10。

12.2.13 砌石时基底应铺设 50 mm～80 mm 砂浆垫层。第一层宜选用较大片石,分层砌筑,每层厚约 250 mm～300 mm,由外向里,先砌面石,再灌浆塞实,铺灰座浆要牢实。

12.2.14 勾缝或抹面砂浆养护时间不得少于 7 d。

12.2.15 排水孔按施工图纸或监理人规定的位置、方向和深度钻进。其平面位置的偏差不大于 100 mm,孔的倾斜度偏差不大于 1‰,孔深误差不大于孔深的 2%。

12.3 加筋土

12.3.2 基槽开挖过程中,如发现基底土质与设计不符时,需经有关人员研究处理,并作出隐蔽工程记录。

12.3.8 本条主要是规定如何分层摊铺和压实加筋土填料,提出施工机具在运输、摊铺和碾压过程中的注意事项,以免损坏筋材和面板,并确保填土压实度。

12.4 格宾

12.4.2 格宾网采用热镀锌低碳钢丝,由机器编织成的双绞六角形钢丝网。工艺是先热镀铝锌包塑后编织。

12.4.5 格宾护垫:填充料必须选用坚实、抗风化耐久性好的石材(狗头石、碎石、卵石均可),其块径为10 cm~20 cm;格宾石笼:选用强度高的小块石(规格为10 cm~35 cm)为主,辅助填塞坚实的狗头石、碎石(或小石),其规格在10 cm~20 cm。可视现场石材选定。

12.4.9 格宾线材必须为蜂巢形,高抗拉强度。格宾线材必须具有耐腐蚀、抗腐化、抗老化、抗紫外线、抗冲刷的特性。网目必须均匀,不得变形扭曲。偏差不得大于设计要求的5%。格宾网必须符合设计要求的抗拉强度,抗剪强度。

12.4.10 间隔网先上下4处固定并绑扎绞紧。

12.4.14 每层整体格宾连接后,才可投入填充石料。

12.4.15 填料施工中应做到:
— 首先用手脚架固定格宾钢丝网,以免其变形。填充石料不得一次填满一格,以保证格宾形状完整,每层一般分4次投料最佳。
— 每组格宾空格须同时均匀投料,以保证格宾方正。
— 以机械或人工排列或整平,须塞填空隙,以求密实。

12.4.16 外部裸露部位,每1/3处须设向内八字方向拉筋。每平方米向内平均拉筋4处,以正反八字形设置。每一拉筋处以两网目为间距,向内拉筋并绞紧。

12.4.18 扎封箱盖时,从下向上,封口边连接闭合后,箱体四周的框线按不小于15 cm的间距再次进行绑扎,横竖线条基本一致,使所有箱笼连成一排整体,对河岸边坡进行整体防护。

13 施工监测

13.1 施工安全监测一是对坡体进行实时监控,包括大地形变监测、地表裂缝监测、地下水位监测、孔隙水压力监测、地应力监测等内容;二是施工可能对周边环境及建筑物产生不良影响时,应对施工过程的振动、水压力、地下管线、建筑物沉降变形进行监测。施工安全监测应与施工同步进行,并制订应急救援预案,当坡体出现险情,并危及施工人员安全时,应及时通知人员撤离。

防治效果监测应结合施工安全和长期监测进行,以监测坡面防护工程实施后坡体的变形,为工程的竣工验收提供科学依据。防治效果监测时程不应少于一个水文年,数据采集时间时隔宜为3 d~10 d,在外界扰动较大时,如暴雨期间,应加密监测次数。

13.6 应调查、搜集被监测工程的岩土工程勘察设计及施工资料,了解施工工艺和施工中可能出现的异常情况等,根据调查结果和监测目的,选择监测方法,制定监测方案。应保持监测资料的连续性和完整性,且前期和施工期的监测设施应尽量保留以备运行期监测使用。

13.7 监测宜根据工程重要性、工程地质情况、处理方法等综合确定,应选择地表、深层结合的多种方法综合验证,并应符合先简后繁、先粗后细、先点后面的原则。

13.12 为观测坡体位移情况,设置观测点,观测并做好记录。表面变形和位移应采取在边坡上缘至下缘设测点的方法,且要布置在多个监测断面上。建立三角网和水准网,采用大地测量方法对地面观测点进行监测,也可按照GPS法布设及监测。

13.14 在雨季或库水位上升、骤降期应加密观测。

14 环境保护和安全措施

14.1 环境保护措施

14.1.1 施工前广泛听取各方意见,让周围群众对治理工程过程和结果有必要的知情权和监督权。

对可能造成环境重大影响的施工工艺,如爆破、大量弃渣堆放等,进行专门论证和公示,以争取当地民众的支持,便于工程顺利组织实施。

14.1.6 施工现场内道路平整、顺畅,排水良好。临时设施均按标准硬化地面,四周设置砖砌排水沟,施工用水一律排至指定水沟,不得随意乱排乱放,影响当地水源。

14.1.7 合理分布动力机械的工作场所,尽量避免同处运行较多的动力机械设备,对噪音超标的机械设备,采用装消音器来降低噪音。

14.1.9 废渣的堆积和废弃不得影响排灌系统与排灌设施,尽量运至弃土场。

14.1.11 施工废水、生活污水按有关要求进行处理,不得直接排入河流和农田,进出现场车辆应进行清洗。

14.2 安全措施

14.2.1 项目安全管理机构应健全,落实安全责任制,设有专职安全员,加强安全检查及隐患整改,加强安全教育与宣传。

14.2.7 施工现场临时用电须执行《施工现场临时用电安全技术规范》(JGJ46)规定。临时用电应符合下列要求:

—— 临时用电工程的安装、维修和拆除,均应由经过培训并取得上岗证的电工完成,非持证的专业电工不准进行电工作业。

—— 电缆线路采用"三相五线"接线方式,电气设备和电气线路必须绝缘良好,场内架设的电力线路其悬挂高度及线距应符合安全规定,并应架在专用电杆上。

—— 室内配电盘、配电柜要有绝缘垫,并要安装漏电保护装置。各类电气开关和设备的金属外壳均要设接地或接零保护。

—— 检修电气设备时应停电作业,电源箱或开关握柄应挂"有人操作,严禁合闸"的警示牌或设专人看管。必须带电作业时应经有关部门批准。

—— 现场架设的电力线路,不得使用裸导线,临时敷设的电线路不得挂在钢筋模板和脚手架上,必须挂设时要安设绝缘支承物。

15 质量检测工程验收

15.2 工程验收

15.2.4 按照设计要求和质量合格条件进行验收,是为了确保工程投入使用后,能长期满足安全使用的要求。

15.2.5 本条规定了坡面防护工程验收前应提交的基本资料。边坡工程属构筑物,工程验收应符合《建筑工程施工质量验收统一标准》(GB 50300)的有关规定。

工程验收时,应提供完善的资料,以备工程使用过程中一旦出现问题可从有关资料中了解当时施工情况,分析原因,提出相应的处理措施。过去在坡面防护工程验收时,有的施工单位提供资料不全,因而出现问题时,分析原因、进行处理都很困难。为了纠正这种不良状况,规程中特别强调了工程验收时应提供的资料。

竣工照片集主要包括坡面防护工程所有分项分部工程竣工前(原貌)、施工各工序(隐蔽)、竣工后(效果)的照片及其施工文字说明。这个资料很重要,是验收所必须的。

16 坡面防护工程维护

16.1 工程维护包括施工期维护及竣工后维护，工程竣工后的维护应由建设单位向指定的工程运行管理单位移交，进行长期专业的维护。

16.15～16.16 工程维护除坡面防护工程本身的维护外，各类监测工程设施，以及测量定位点应加以维护。